JN095060

図 1.2　ニカラグアのマナグア湖

図 2　ニカラグアのジンニング工場

図 4.1　オーストラリアの灌漑用水

図 4.2　オーストラリアの綿花畑

図 6.1　ブラジルの綿作地・カンポ・セラード（機窓からの撮影）

図 6.2　ブラジルの綿作地・カンポ・セラード

図 10.1　マリ政府の視察団

図 10.2　マリのピッカーの子供たち

図 10.3　マリのピッカーの家

図 11.1　コットンピッカー（綿摘機）

図 11.2　綿花モジュール

図 11.3　ジンニング（自動綿繰り機）

図 14.1　Picking Cotton

図 14.2　Upland Cotton（1879-1895）

図 16.1　綿摘み作業をする女の子（インドの綿畑）
撮影　NPO 法人 ACE

図 16.2　強い日差しの中、作業をする女の子たち。撮影　NPO 法人 ACE

図 16.3　インドの綿花畑で作業する子供たち。撮影　NPO 法人 ACE

図 16.4　インドの綿花畑で作業する女の子
撮影　NPO 法人 ACE

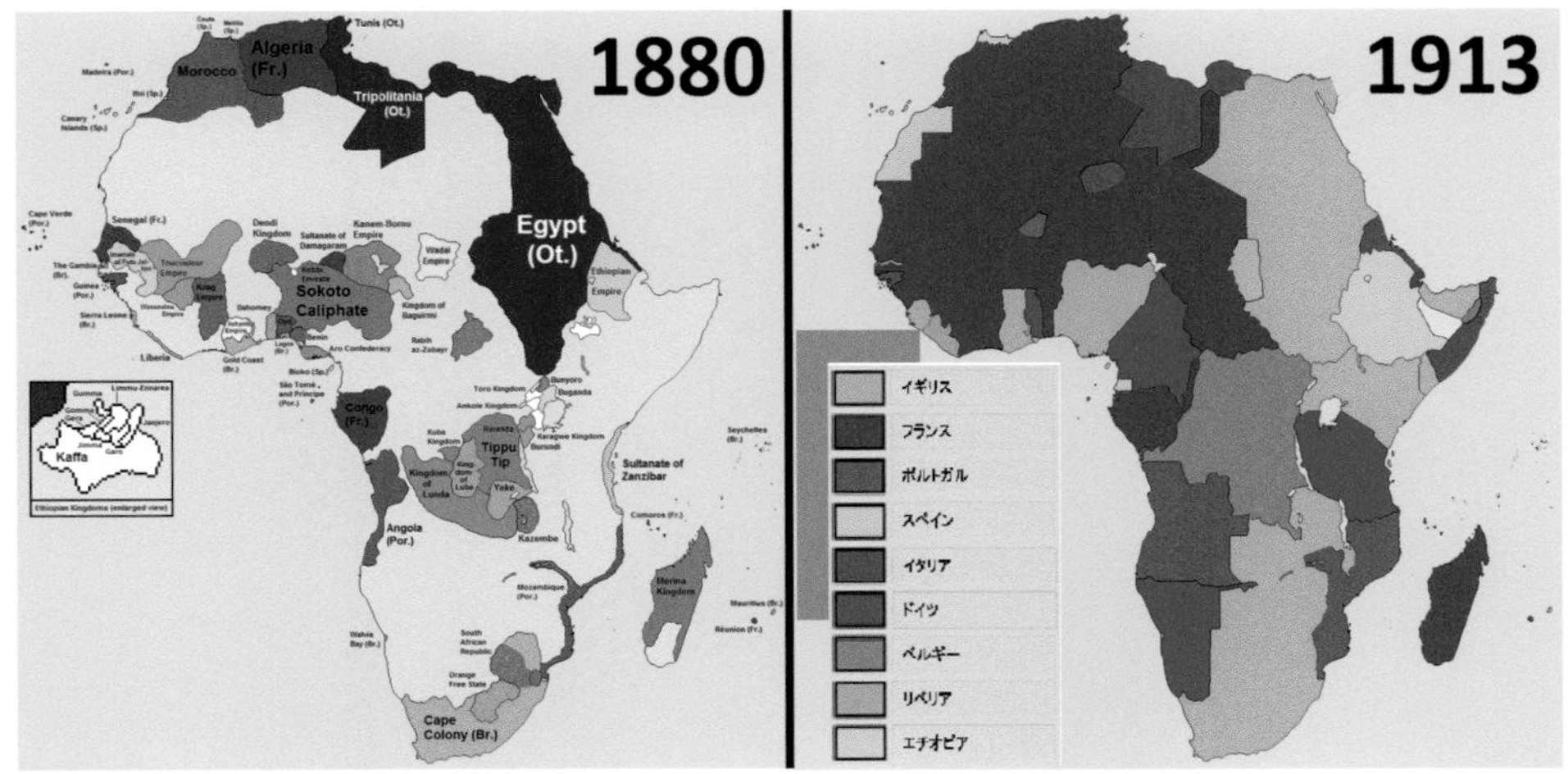

図 17　1880 年から 1913 年のアフリカ植民地分割図

図 19.1　寄付金で児童労働から解放された子供たち
出典：Peace by Peace Cotton Project

図 19.2　インドのオーガニックコットン農場で綿摘みするピッカー
出典：Peace by Peace Cotton Project

図 19.3　インドのオーガニックコットン農場で綿摘みする女性のピッカー
出典：Peace by Peace Cotton Project

綿花と人間との関わり

歴史から経験と記録へ

ムンシ ロジェ ヴァンジラ
島崎 隆司

名著出版

目次

第一章　綿花の歴史的背景……77

第七章　ＳＤＧｓと綿花

刊行によせて

コットンを学ぶこととは

「オーガニックコットンか、難しいよ。」

二〇〇八年六月、島崎さんに開口一番そう言われ、私自身、覚悟を決めたことを思い出す。

ＳＤＧｓが叫ばれ、サステナブルファッションという言葉が「トレンド」となった昨今、この書籍が発刊されることは、数年後、いや数十年後にも業界がそう言っているかどうかの試金石となるのは間違いない。

そもそも繊維産業は産業革命、いや大航海時代以降の人類の歴史において良くも悪くも大きな位置づけを果たしてきた。もちろん、善の側面も多い。ファッションが叶えた民主化の事例は枚挙にいとまがないし、日本であれ中国であれ、途上国が先進国化を目指すプロセスにおいて、繊維産業は非常に重要な役割を果たしてきた。そのうえで、負の側面にもしっかりと目を向けるべきと私は考えている。

大量生産大量消費社会の反省として、温室効果ガスの問題が大きくクローズアップされ、カーボンニュートラルの実現は今や世界共通の課題認識となって石油産業の在り方、発電産業の在り方、自動車産業の在り方などを揺さぶっている。オーガニックコットンもこの地球環境問題と紐付けて語られることが多い。

しかし私は、コットンに向き合うことは、人権問題に向き合うことだと確信している。植民地化されたインドで、なぜガンジーは糸車を回していたのか。アメリカ南北戦争はなぜ起きたのか。繊維の増産という世界的背景において、人生を翻弄され、見捨てられてきた人たちのことを我々は忘れてはならない。

本書は、単純な素材としての綿花を知るのみならず、流通品としてのコットンが歩んできた歴史的背景や実体験が網羅的に描かれており、コットンを通じて人類が犯してきた過ちや与えてしまった損害に気づくことができる。冒頭の、「オーガニックが難しい」という島崎さんの言葉は、単に農法が難しいという意味で発せられたものではなかったことが改めて理解できる。オーガニックという農法に意味があるのではなく、有機的という言葉の語源にこそ大きな意味があるのである。筆者らが本書で述べている有機的なつながりの中にこそ人類は存在し、あらゆる産業において、サプライチェーンすべてを俯瞰して見たときに、誰も取り残していないかを考える目線こそが、今必要なものなのではないだろうか。

「地球に優しい」などという、人類を地球の中心においたエゴイズム的価値観の言葉に惑わされるのではなく、我々人類を生かしていただいている「地球」に再度敬意を払い、将来世代に渡って地球に住ませ続けていただくには、現世代である我々自身が変わる必要がある。

大地に種を植え、太陽の恵みで発芽し、雨の恵みで成長し、秋に収穫される。綿は糸になり、糸は生地になり、生地は製品となってあらゆる人の身体に着用される。いま、あらためてコットンを学ぶことは、このつながりを実感し、全体感を得ることと言えるのではないだろうか。

一般財団法人ＰＢＰＣＯＴＴＯＮ　代表理事
株式会社ｃｄ．代表取締役
葛西　龍也

繊維産業の道しるべ

私が綿織物の製造販売に携わっていた今から三十五年ほど前、島崎隆司氏は業界では名前を知らない人がいないほどの大先輩だった。当時はまだなかった「綿オタク」という言葉で、彼は綿花の相場や歴史、流通などに深い知識を持ち、会社の発展だけでなく日本における綿花の普及を支えていた。

ところで、島崎氏との出会いは、二〇一一年一一月、東日本大震災の津波による塩害で稲作ができなくなった宮城県仙台市荒浜地区でお互いボランティアをした際、親しく話す機会が持てた時がはじめてだった。畑では、塩で固まった土の石を取り除き、霜で開かなかった綿花を抜き、開くように木を枯らす作業を行った。寒風吹きすさぶ屋外で野菜を洗い、みんなで食事を作り、家や希望を失った人たちのために輪になって歌を聴いた。帰り道、島崎氏は寒い作業で腰が痛くて動けなくなった。その時、仙台駅から愛知県の自宅近くの駅まで、一緒にお連れしてレジェンドのような先輩の面倒を少しでも見ることができたことは、一生の思い出として残っている。

このような背景もあり、島崎氏と共著者であるムンシ教授が心血を注いだ本の出版が待ち遠しい限りである。また、このお二人が本書をまとめるにあたり、こんな若造の私にオーガニックコットンのことを教えてくれと、親切に声をかけてくださったことに感謝している。

さて、宮沢賢治の「雨ニモマケズ」という詩と、島崎氏の綿花畑の体験から得た知見に触発されて、私は次のような詩を詠んでみた。

北に元気のない人がいたら、そこに行き「楽しいことがある」と声をかけ

南にお金がない人がいたら、そこに行き「綿花栽培の可能性」を話し、

筋が通らないことには他人のことでも本気で怒り、

疑問があれば、若い人にでも教えを乞う。

前記の短詩から、昭和の香りのする著者らが、綿花の歴史には、産業革命から南北問題、社会・環境問題などすべてが含まれていると語っている現実がうかがわれる。

だから、「この本はどのように役に立ちますか?」と聞かれると、私は「温故知新。これからの繊維産業の道しるべになる」と答える。

これまで、世界はさまざまに変化してきた。技術の発達により、綿花の生産も容易になった。しかし、それでもインドやパキスタン、アフリカ諸国では、綿花の栽培はいまだに手作業で行われており、本書から学ぶべきことは多くある。綿花がそれらの国々の主要産業であることを考えると、本書は学生だけでなく、繊維関係者にとっても良いバイブル(資料)になるのではないかと思う。

Textile Exchange アンバサダー
一般社団法人M．S．I．
稲垣　貢哉

綿花とともに生きるということ

ムンシ ロジェ ヴァンジラ教授と知り合いになったのは私が南山大学外国語教育センターに着任する五年前だった。それ以来、南山国際センターの会合や活動を通じて、私たちの研究やその成果について意見を交換し、ムンシ教授から多くの助言をいただいた。その際、ムンシ教授の研究テーマを聞けば聞くほど、私は彼の研究プロジェクトに強い関心を持つようになった。そして今回は「綿花と人間との関わり」という魅力的なテーマを研究しているとの報告を受けた。

これまで、ムンシ教授の研究調査は多くの研究者があまり注目していない分野に及ぶことが多かった。本書のテーマは、まさにその代表的な例でもある。私はこれまで、「綿花と人間との関わり」について意識したことはなかった。おそらく読者の多くも私と同じ思いかもしれない。

今回、ムンシ教授は、島崎隆司氏とともに、世界各地の地域社会における、綿花に関するいくつかの事例を本書にまとめた。綿花は長い間、人類の歴史と深い関係があったことが本書からよく理解できる。本書は私の綿花に対する見方を本質的に変えてくれた。なぜならこれまで、この綿花という植物はそれ以下でもそれ以上でもないものと当然のように考えてきたからである。綿花は、何百万もの小規模農家とその家族に雇用と収入をもたらし、重要な生計手段を提供している。また、世界の最貧国のいくつかでは、綿花が重要な輸出収入源となっている。そのうえ、資源や製品としての綿花が複雑なグローバル・ビジネスを生み出した。しかし、それが人々の生活において、大きな問題を発生させたことは事実である。たとえば、農薬の過剰散布や有毒な薬品を使った綿製品の製造は、周辺の環境を汚染するだけではなく、労働者に深刻な健康被害をもたらした。児童労働や労働者への虐待が問題になっている国もある。先進国の快適な生活は、途上国の犠牲の上に成り立ってきたと言っても過言ではない。本書を読めば、奴隷制度に支えられた植民地政策による産業と経済の発展が、単なる歴史上の話ではないことがわかるだろう。

現代では、ＳＤＧｓが叫ばれ、多くの人がサステナビリティを考えるようになった。しかし、言葉だけが独り歩きしているようにも見える。何が問題で、どのように行動すべきなのか、歴史から学び、一人一人が自分のこととして本気で考える必要があるだろう。

綿花は国益、植民地政策、補助金、サステナビリティ、環境など、多くの分野で極めて重要な役割を担ってきた。本書は、これらの側面が、互いに、どのように関わっているのかを浮きぼりにしている。この「ホワイトゴールド」と呼ばれる綿花は今日の世界が直面する問題への洞察を与えてくれる。

本書は綿花に関してすべての側面を網羅しているわけではない。しかし、読者の皆様は本書の、相互に関連し、統合されたテーマに触れることで、「綿花と人間とのつながり」について、様々なことを思い描くことができるかもしれない。

南山大学外国語教育センター専任講師
陸　心芬（ＹＯＵＫ ＳＩＭＢＵＮ）

はじめに

ムンシ ロジェ ヴァンジラ

本書刊行の背景

本書は、我々の身のまわりに存在している「綿花と人間との関わり」という社会的な現象を取り上げている。そして、「人間」にとって「綿花」はなぜ大切なのか、どうしても切り離せないものかを、実際の事象とともに説明している。このような、二つの「結びつき」は比喩的に聞こえるかもしれないが、本書の中で語っているようにまぎれもない現実である。この関係は、人間が社会的、経済的、および物質的な日常生活をおくる限り、今後も続くだろう。

ここでは、綿花は世界を代表する農作物の一つであり、衣料における重要な繊維原料として、多くの場面で登場している。たとえば、綿花畑での栽培や摘み取り、紡織工場や染工所での糸や織物の生産や染色、縫製工場における製品の製造そして小売店での綿製品の販売などがあげられる。これらすべての段階で、綿花と人間は切り離せない密接な関係を持ち続けている。

もともと綿花は、紀元前五千年以前から存在した天然繊維だと言われている。また、驚くべきことに、その時代から今日に至るまで、綿花は人々の生活様式には欠かせない「変わることの無い大切なもの」であり続けた（Orsena 2006：2012)。本書出版において、著者らが認識したのは、綿花はいつも我々人間と一緒に寄り添い身近に存在するということである。

ここで、綿花の話に入る前に、その字のいわれについて簡略に説明したい。通常では、「綿花」という漢字を使うが、時折、また場所によって「綿」（わた・メン）・「木綿（もめん）」・「棉花」（めんか）英語の「cotton」（コットン）も使っている。すべて同じものである。綿花取扱業者は総称で「メン」または「ワタ」と話したり書いたりする。また、木偏の「棉花」は農場で生育したり、摘み取った状態を、糸偏の「綿花」は種子を取り除いたあとや紡績工場に入って加工された状態を指す。すなわち、それぞれが植物のままか、既に加工品であるかが、字を見てわかるように、先人が考えたようである。ところで、「綿」は厳密にいうと、ワタの種子からはがした白くて柔らかい綿毛を指し「もめんわた・生綿（きわた）」と言われている。木綿はもともと絹の「真綿」と区別するために「木綿（もめん）」と呼ばれ使われてきた。一方、「真綿」（まわた）は蚕の繭（まゆ）から作る繊維で、綿花の植物繊維と異なり、動物繊維であり、「綿花」と「真綿」は全くの別物である。なお、本書ではこれ以降、誤解や混乱を避けるために、広く一般に使われている糸偏の綿花に統一する。結局のところ、綿花は、アオイ科に属する植物の一つであり、種子のまわりに付いている繊維である。繊維はおそらく種子の発芽のために水分を蓄積する役割を果たしている（Cook 2001）。多くの種が商業的に栽培されているが、後述の第二章で説明するように、ステープルの毛足の長さによって（タイプ1長繊維綿）28㎜以上、（タイプ2中繊維綿）21～28㎜、（タイプ3短繊維綿）21㎜以下の三つのタイプに便宜的に分けられる（Thomas 1995：2001）。

綿花は、一般的な園芸種であるハイビスカスに似た植物であり、天然繊維である。春に種を植えると、高さ一メートルほどの低木に成長する。その後、ピンクやクリーム色の花が咲き、受粉すると花は落ちて、コットンボールと呼ばれる実ができる。その中には、綿花の種と白い繊維が入っている。秋になって落葉し、コットンボールが割れて繊維が出てくると、綿花を摘むことができる。たとえば、オーストラリアでは、綿花は大型の機械式ハーベスターで収穫され、丸くて大きなモジュールにまとめられて包装される。このモジュールは、コットンジン cotton gin（綿繰り機）で加工される。綿繰りの過程で、リント（種子についている繊維）が種子から分離され、長方形のベールに圧縮される。一俵の重さは二二七キログラムである。綿花は紡いだり、染めたり、編んだり、織ったりして、衣類や家庭用品などに加工される（Cotton Australia 2021）。

私たちの繊維に対する切なる要求を満たすために、綿花は八〇～一〇〇カ国以上で栽培されており、世界中の何億人もの農家に収入をもたらしている。しかし、グローバル化社会で私たちが綿花とどのように関わっているのかを見てみると、これまでとは違った「物語」が浮かび上がってくる。そこで、おそらく二つの重要な視点が見えてくるのではないかと思う。一つは、植民地時代に栽培されていたいくつかの植物の中に綿花が含まれていたことである。特にアメリカでは、その綿花文化は奴隷制度の大勢を占めたと言われている（Hopkinson 2006)。残念ながら同じシナリオが今でも中央アジアのウズベキスタンで繰り返されている（EJF 2005)。ところで、バイオテクノロジーの専門家によると、「通常の綿実は、有毒物質であるゴシポールを高レベルで含んでいるため、人間や多くの動物に有害である可能性がある」との報告がある（Shand 2019)。もう一つは、綿花・ホワイトゴールド(1)が、人間の欲求や必要性に関係していることで、これは興味深いことである。たとえば植物から取った繊維で生地を作り、衣類やベッドリネン、病院の手術着、さらには紙幣に至るまで、綿花は私たちの日常生活の中で切り離せない部分を形成している。また、綿実は、牛や羊のような一つ以上の胃袋を持っている動物の飼料に供されている。アメリカのバイオテクノロジー学者ラソールが指摘したように、「綿実は多くの方法で消費されている。その絞りかすは高いタンパク質が含まれるので、トルティーヤ、パンや焼き菓子に使用される。そして種子の核（丸ごとの種）を煎じてスナックとして食べることもできる」(Shand 2019)。

近年、多くの人々が綿花に頼って生計を立てているため、幾多の企業や国家機関は綿花をさらに持続可能なものにしようと努力を払ってきた。調査によると、ほとんどの生産者は零細農家であり、開発途上国の生産者は二ヘクタール以下の土地しか持っていないことがわかっている。また、おそらくどの家庭のクロゼットにも、無地やいろいろな色に染められ、他の繊維と混ざり合った綿（混紡）など、かなりの割合で綿製品が入っていると思われる。同様に、加工された綿は、建築資材にも使われている。その意味で、前記に述べた様に、綿花は人間と深い関わりがあることがわかる。綿花は、私たちの生活や働き方の一部だけでなく、あらゆる分野に関わっているという認識が高まっている。それゆえ、人々の生活経験との繋がりにおいて綿花の特徴的な側面を理解することは非常に重要なことであると言える。以上をふまえて、次のようなことを試してみることは、興味深いことかも知れない。

①今、あなたが手に持っている綿製品の素材を想像してみてください。

②それを注意深く見ながら、私たち人間と密接な関係があることに気がついてください。

③そして、私たちの現実の中で、どのようにそれと関係を持つことができるのか、特に興味をそそられる問題に取り組んでみてください。

この作業を完全に理解し、観察するためには、私たちが対象物である綿花そのものと対話し、綿花に触れ、感じ、その意味を考えなければならない。言い換えれば、私たちは綿花そのものを意識してみる必要がある。キャサリン・サルフィーノがSourcing journalでレビューしたコットン・インコーポレイテッド・ライフスタイル・モニター調査（消費者動向調査）によると、「今日のコットンに関する広告は、消費者が綿花製品や家庭用品に抱いていた結びつきを固めるのに役立っていることを示している」としている。

さらに、多くの消費者はアパレル製品を選ぶなら綿や綿ブレンドを志向したいと述べている。このように、綿製品は決して流行遅れになることはない。ある意味で色やパターンが変わるだけである。

本書の執筆に至るまで

人類は「モノ」を作り、使うという興味深い特性を持っている。人がお互い影響し合うモノは、単に生存のための道具ではなく、生存をより容易に、より快適にするためのものである。モノはまた、目標を具現化し、技術を顕在化させ、使用者のアイデンティティを形成しているとも言われている。このことは、人間はホモ・サピエンス（ラテン語で「賢者」）やホモ・ルーデンス（理性と意志の能力を持つ）だけでなく、ホモ・ファーバー（物の作り手であり使用者である）でもあることを示唆しており、私たちの多くは交流するモノから大いに影響を受けている。さらに、人類学者が語るように、モノは創造者や使用者を作り、彼らを活用していることは明らかなようである。このようなことは、島崎隆司氏（繊維商社の元役員）と私（人類学者）も、日常生活の中で、同じような経験をし、共同研究でも再確認した。

その後、著者らは「綿花」（そのものを利用・活用する学生や社会人は、様々な意味合いを理解しようとする）を見つめ、多様な動機や地域的背景において、綿花の栽培と消費に関するさらなる理解を模索した。本書は、このような綿花と人との結びつきという面において、著者らのこの数年の対話と議論の上に成り立っている。本書の「あとがき」で、私たち二人の最初の出会いの様子を簡潔に述べている。ここでは、私がその過程で共感したことを説明する。私は、自分自身が特に人類学に長く携わっていた立場から、綿花とその影響について冷静に考察しようとした。一方、島崎氏が様々な地域や環境において、多くの綿花活動を経験し、地域社会の持続可能性に貢献していく姿は、私にとって大変興味をそそるものだった。それ以来、私は島崎氏のライフ・ワークと仕事の記録（すなわち彼自身のライフ・ヒストリー、日々の行動、様々なフィールドでの綿花活動の体験）を、できるだけ追いかけてきた。実際、彼の「綿についての語り」は印象的で、この本の企画を始めたのちにも新たな気づきがある。もちろん、私がコットンのことを語るときには、いつでも島崎氏の生きた体験に敬意を払っている。その過程で、彼の貧困や不平等に対する責任感、現場での「不快な事実と向き合う力」、一見「役に立たないように見える情報」への関心、思考力、そして情報を収集して意味づけをする才能などが、私の綿花への関心をさらに深める動機となっている。それによって、私が綿花への考察と理解を深めるために歴史的背景を研究するきっかけになった。

歴史的考察とは、人類学用語で言えば、時代や場所に存在していた社会・宗教・経済・政治的な状況を指している。しかし、ここでは、退職した商社マンと人類学者の双方が、共同で横断的な研究に関わっていることが、十分に意義深いことであるように思われる。このように、私たち二人は綿花についてのさまざまな分野を研究し、共有すればするほど、綿花はどのような状態（棉＝植物の状態、綿＝繊維だけ）にもかかわらず、繊維や食品、建設業界など、さまざまな地域社会の環境の中で人々に何らかの形で関係していることがわかってきた。しかし、綿花が人々にとって何を意味するのか、また綿花が人々の生活や地域環境に与えた影響について私たちが知っていることは驚くほど少ない。

人類学者を含む多くの社会科学の研究者が、人々と綿花の関係について調査することを怠ってきたことを認めざるを得ない。それは、彼らが人間生活の理解を個人の内面的な心理過程や人間関係のパターンに特化しようとする傾向があるからと言える。一方、綿花のような物質的なものの役割や意味合い、および経済活動についてはほとんど考慮されていないと推察出来る。著者二人は、二〇一九年から二〇二二年にかけて南山大学で私が担当している科目「サステナビリティ、民族、文化」や「民族問題と人間の尊厳」などのなかで開催した一連の対面やオンライン基調講演において、学生たちとこのテーマ「綿花と人間との関わり」についてさらに議論を深めることができた。また、他の研究者とも議論を重ね、多くの批判的な指摘や提案を得ることができた。以上のような関心が、本書の執筆と出版につながっている。

本書の目的と意義

本書は、社会文化人類学の視点から、綿花と人間との関係性の顕著な側面を浮き彫りにすることを主な目的にしている。具体的には人間の集団やコミュニティが綿花栽培と消費にどのように向かい合っているのかを検証しようとしている。このような観点から、本書は、地域社会の持続可能な開発を想定した場合に、綿花と人間が自然環境の保護や保全にどのように貢献し、あるいは脅威となりうるのかについて、いくつかの事例を挙げながら、それらの相互作用を探っていくことを目的としている。本書が指摘したいことの一つは、綿花の生産を、社会的、政治的行動の単位である階級、民族集団、地域住民、宗教団体、都市などの連帯による持続可能性と団結力（結集力）に関連付けることである。

全体的に、文献調査と現地調査から収集された情報が多く含まれている。現地調査のデータは主に研究者の経験、意見、解釈に基づいている。それに加え、学生や研究者からの多くのフィードバックも反映されている。データ収集は、綿花の栽培と消費に関する「全体像」を作り上げるために、さまざまな調査方法の中で柔軟に行われた。しかし、本書は読者に綿花栽培と消費慣行の包括的な理解を提供するものではない。むしろここでは、いくつかの重要なテーマだけを取り上げ、具体的にまとめたいと考えている。そのために、本書は主に一般読者に向けた大衆書として、コンセプト別に構成されている。また、学生の読者をメインターゲットにした教育目的の側面から著したものであり、講義、ゼミ、および座談会での使用を目的とした指導的な著書になればと考えている。著者二人は彼らができるだけ多くの内容を理解し、学校や企業、国内外のNGOやNPOなどの機関で重要な役割を担う立場になったとき、「影響を与えられた一書」となることを切に願っている。本書は文献調査により「綿花の歴史」について簡略にまとめ、そこに著者らの「経験・記憶」を重ね、「記録」として残したものを読者に述べ伝え、さらに訴えかけるものである。

そこで、本書のサブ・タイトルとしてのキーワード「歴史」、「経験・記憶」、「記録」について、ひとつだけ確かなことがある。「過去を追うことと、記憶を持つことは同じではない」と言われている。なぜなら、人間だけが、現場で「モノ」を知り、学び、経験したことを共有するための強力なコミュニケーションシステムをもっているからである。私たち二人は、このような強い思いをもって本書を書き始めた。その視点をもったうえで、綿花の歴史から、著者らの現場経験や記憶へと移行し、発見したことを記録することは、一般の読者が知り、学ぶために不可欠なことだった。ただし、ここで、二人は綿花の歴史について、すべてを提供しようとしたわけではない。それを書こうとすると、かなり長い旅になり、大変な作業になるだろう。しかし、私たちの知る限り、綿花そのものは五千年から八千年前に発見されて以来、様々な形で、人間と本質的に結びついてきたと思われる。そのような理解は「歴史の記憶」だけでなく、何よりも文字による証拠に基づくものでなければならず、本書はその試みの一つである。それによって、読者が、多くの綿についての本を読んでいなくても、本書の内容は簡単に理解できるかもしれない。ただし、これは専門書ではない。むしろ、本書は、地域社会において、読者が「綿花と人との融合」という現実を意識し、それを喚起するためのものである。

本書の表紙カバーは読者を綿花というあまり知られていない世界に誘うと同時に、綿花と地域住民との絆も表している。また、読者が本書を注意深く読むことで、このテーマについての一般的な知識を高めることができれば、著者二人の目的は達成される。通常、私たちがモノを見るとき、その役割と関連性を意識する。同じことが、繊維、食料、建築などの分野で、人々（消費者・使用者）をより身近な関係に巻き込んでいる綿花にも言えるであろう。この中には世界や地域別の過去数十年間の綿花消費・使用動向が示されている。

この本では、綿花の重要性と意味合いについての明確かつ体系的な説明をしている。その中でよく知られているのは、綿花が「生産と消費」という点で人間と関係を持っていることである。この点については、過去数十年の綿花とその利用状況を簡単に調べ、考察してみると、非常に示唆に富んでいることがわかる。事実、一九六〇年以降、二〇〇〇年までの間に世界の綿花生産量は一〇二〇万トンから二〇三〇万トンへと倍増している。これは、年平均1・7％の成長率を示している。さらに興味深いのは、その四〇年間に、世界の綿繊維の需要は人口増加と同じペースで年1・8％の成長を遂げているという調査結果がある。この間、世界の化学繊維の消費量は年間4・7％増加しており、それらと比較して、綿は相対的に少ない増加率を示している。一九六〇年には繊維全体の68％を綿が占めていた。しかし、この割合は二〇〇二年には38％まで減少している。ところが、衣料品部門では、天然繊維の需要は拡大し続けており、綿は依然として天然繊維の中では「ナンバーワン」を維持している。一方、非衣料用途でも、化学繊維の需要が拡大している。たとえば、International Cotton Advisory Committee（国際綿花諮問委員会）は、繊維全体で見ると、二〇〇四年から二〇一〇年までの成長率が年率約2・3％で六二〇〇万トンに達すると予測していた（ICAC 2004）。綿花消費を見ると、緩やかな成長率（年率約1・8％）で、二〇一〇年には世界の需要が二三六〇万トンに達すると予想されていた（CNUCED 2005）。

前記を考慮すると、現状と予測の両者ともに人間が綿花と縁を切ることができないことを示している。たとえば、ウズベキスタンの村に関する最近の研究では、「過去二世紀の間に政治的な情勢が変化しても変わらないのは、村人たちが家族や文化的な生活を支えるために綿花栽培に依存してきたこと」だと論じている。さらに、「綿花栽培は経済活動の中心であり、それに伴う農業への期待や作業は、祭りやイスラム農法など、村の生活と結びついていた」と述べている（Zanca 2011）。

このような調査活動により、さらに繊維製品や食料品、建築物などを通じて、綿花とのつながりを深く理解することができるようになった。この「綿花と人との結びつき」は、世界の様々な地域で求められている興味深いテーマである。ここでは、すべての地域を取り上げるのではなく、特に綿花生産国から得たいくつかの情報に基づき、北米、中南米、インド、西アフリカ[2]に焦点を当ててみる。ICAC二〇二〇年によれば、世界の綿花生産量は第一位がインドで24%を占め、第二位が中国22%、第三位がアメリカ17%である。二〇一九年、二〇二〇年にはこの三カ国だけで世界の綿花生産の62%近くを占め、四五年前の49%から上昇したとされている。一方、アフリカ大陸全体では世界で第五位に相当し、重要な綿花生産地であり、その中で最も注目されているのは西アフリカである。西アフリカは世界生産量の7%に過ぎないが、近年目覚ましい発展を遂げている。一九六〇年以降、生産量が二〇倍に増加し、この四年間で二〇〇万トン以上の繊維が生産されていることからも明らかである（ICAC 二〇二〇年）。

なお、綿花の増産について、ベッカートは次の様に述べている。「資本主義的社会関係のおかげで、綿花はほかのどのような生産システムも及ばないほど生産性が向上し、大量生産が可能となったからだ。実際、綿花の生産が二〇五〇年までに再び三～四倍になるという予測もある。生産性向上を追求し続けて組織的に取り組む人間の能力からは希望的な観測もできそうだ」（ベッカート　二〇二二）。

本書は、綿花のいい面（地域社会への貢献）や悪い面（環境への悪影響、人権侵害＝奴隷・差別等）を考察し、読者に綿花に対する意識を高めてもらうことを目的としている。すなわち綿花栽培の負の側面や悲惨な出来事の背後にあるもの、特にアジアやアフリカでの人権侵害の体系的な枠組みにも重点を置いている。さらに、倫理的な犠牲を払った「奴隷労働者」によって生産される地域についても考察している。

本書の構成と概要

本書の各トピックは一つまたは複数のケーススタディを介して紹介している。最も重要なポイントを示すために実用的な例が提示されており、詳細は意図的に避けている。個人的な現地での経験と文献は、様々な地域環境における綿花栽培を説明し、地域社会の生活、大切にされてきた歴史に焦点を当てている。くわえて、本書は、前記に述べたように、南山大学でいくつかの学部や学年度に向けて、通期に渡って、別個に行われた講演をもとにしている。さらに各章は「綿花」と南山大学のモットーである「人間の尊厳のために」をもとに色々な話題や事柄を無作為に述べている。そのため、それぞれの章や項が他との繋がりを欠いていたり、逆に重複している内容も多くあるかもしれない。その点ご容赦頂ければ幸いである。

主要なテーマは、プロローグを除き、相互に関連した七つの章に分けられている。これらの章は、それぞれ、他章との繋がりもあり、特定の問題について、より分かりやすく詳細な説明を提供している。また読者は、プロローグの内容を含む、この本のすべての章が何らかの形で議論の対象になると推察できる。

プロローグは、共著者である島崎隆司氏の綿花に関連した海外駐在経験と個人的な発想に基づいて書かれている。彼がかつて繊維商社の社員として、現地で経験したことに基づいて、得られた知識や理解を読者に提供している。

この海外駐在経験の後に続く第一章では、綿花の歴史や特性を説明し、現在の代表的な生産・消費国を紹介している。また、近年注目され、ごく普通の一般的な綿花と対比されるオーガニックコットン（有機栽培綿）を引き合いに出している。綿花の基本的な用語の説明に続いて、第四節以降では近代の綿花産業の代表的な歴史である植民地政策、奴隷制、産業革命について簡単に述べている。綿花は収入源としてだけでなく、社会組織やその組織間の構築における大変重要な要素であることも説明している。最後にそれぞれの生活環境からみてとれる綿花に対する想いを箇条書きにしている。

第二章では近代世界と日本の綿花事情を述べている。とくに世界の綿花事情ではイギリスの植民地政策や産業革命、またアメリカの綿花栽培とそこでの黒人奴隷問題の重要性、そして、それらが世界経済の発展や農業技術の進化に大きく貢献したことを取り上げている。その視点から、まず以下の三つの側面が挙げられる。第一に、経済面では商品取引所などの設立を背景に取引のルールを確立し、その後の国際貿易やグローバリゼーションの順調な発展の基となったこと。第二に、アメリカの農業技術革新は南北戦争や黒人奴隷解放による労働力不足を補うために急速に進み、その生産性は短期間に伸びたこと。第三に、その結果アメリカは現在では綿花の世界有数の生産国となり、世界一の輸出国となったことである。一方、日本の綿花事情については平安時代と室町時代の二度にわたる綿花渡来、また、明治維新や第二次世界大戦後の復興に大きく貢献した紡績会社や繊維商社について、さらに、江戸時代に、大阪で世界に先駆けて開設されていた商品取引所にも言及している。同時に、商品、特に綿花を商いするのに切り離せない相場について語り、最後に、簡単に綿花の分類を紹介している。

第三章では綿花栽培が人間の権利や基本的自由、また持続可能な慣行を脅かす危険性について語っている。特に、「綿花と人間の関り」について、この問題を掘り下げ、いくつかの側面を取り上げている。たとえば、アメリカ大陸においてなされた黒人奴隷や先住民族に対する差別や虐待行為と綿花栽培についての歴史的考察を行っている。また、現在でもアジア各地で強制的に行われている児童を含めた綿摘み労働者への搾取問題などを「人間の尊厳」の観点から世界的レベルで具体的に提起している。これらの地域の綿花農場で、これまでに明らかにされた何百万人ものアフリカ人奴隷や子供たちが虐待を受けながら働いていたことを想像すると胸が痛むばかりである。さらに残念なことは、当時も今も現地政府からの了解の下に、人間の尊厳を損なう強制労働などの悲惨な行為がなされていることである。

第四章では西アフリカの事例研究に焦点を当てている。具体的に植民地主義や新植民地主義、およびフランス外交を背景に綿花と人々の関わりを見つめている。そのため、特に民族と地域社会の持続可能性（サステナビリティ）の問題が浮き彫りになっている。ここでは、資源を搾取・支配することと人々の営みを脅かす諸問題を提起している。

第五章では戦略物資としての綿花と先進国における農業保護政策の根幹をなす農業補助金を取り上げている。そして、その補助金の犠牲となった開発途上国の貧困問題にも言及している。この問題は国連の世界貿易機構を通して議論され、多文化主義の観点からも「綿花と人権問題との関係」を考察している。

第六章では綿花が史上初のグローバル商品になった過程を綿花農家とそのサプライチェーンを通して、簡略に説明している。この議論に続く第七章では、綿花と地域社会のサステナビリティを対象とし、その中で最近話題のＳＤＧｓ（Sustainability Development Goals）も取り上げている。また、サステナビリティの定義やその要素、さらに、社会貢献、環境や人権を含む社会問題を述べている。綿花に関してはサステナブルコットンの代表格としてのオーガニックコットンの歴史と背景と現状、さらに今後の課題についても考察している。そして、オーガニックコットンの出現と時代の要求に影響・誘発されて創設されたいくつかのサステナブルコットン・イニシアティブを紹介している。

「おわりに」では本書の主要な考え方を簡単にまとめている。また、「綿花と人との関わり」について理論的・実践的な相互関連性（theoretical and practical interrelationship/アーティキュレーション）を提供するための研究フレームワークとして、いくつかの側面を紹介している。それは、綿花の問題について考えるときには「歴史的背景と現状」を見つめることが基本的な考えである。本書の内容は、ある程度、相互に補完し合っており、それらの主な課題や実践的な事項を扱っている。さらに、各章の事例では、綿花がどのように地域社会に影響を与えるかを説明している。

本書の主たる結論は、あらゆる地域環境や諸状況において、綿花資源を適切に管理するためには、周囲の環境と全体的なバランスを保ち、すべての種の生存を確保し、必要な量だけを使用し、資源の浪費や枯渇を避けることである。本書に記載されている情報の多くは、本研究テーマの完全な理解を得るためには、さらなる調査・研究が必要であることを、改めて申し上げたい。

注

（1）綿花は、アメリカやインド等では、高い収入が得られる為に、昔も今も変わることなくホワイト・ゴールド（白金）と呼ばれている。スペイン語ではＯＲＯ（オロ）と呼ばれている。

（2）西アフリカはＥＣＯＷＡＳ加盟国にカメルーン、モーリタニア、チャドを加えた地域と定義している。

プロローグ／本書を読む前に

綿花活動を通じた海外駐在体験

島崎　隆司

本書のキーワードは、①綿花、②人間、③歴史、④経験、および⑤記録、以上五点を社会文化人類学とサステナビリティの視点から考察することである。これらの研究課題を包摂する概念として、本書では「綿花と人間との関わり」という用語・タイトルを用いる。このプロローグでは、本書の必要な部分に関する背景設定として、綿花活動を通じた島崎隆司（著者）の海外駐在体験を紹介する。つまり、私の綿花活動のリアルな実体験をもとに、綿花業界やその歴史的背景を個人的な視点や経験を含め記録している。ここで、海外での綿花の体験談義と自身の蓄積してきた記録が出てくる理由は、私が大学卒業後から退職するまでの四五年間勤めていた会社（豊島株式会社）において、国内外で綿花の買い付けや販売の仕事に従事してきたからである。このうち海外駐在は中米ニカラグアとアメリカのカリフォルニア州での計一〇年間だった。帰国後はオーストラリア、ブラジル、東南アジア等での買い付けや販売のために約三〇年間にわたって長期出張を繰り返した。また二〇〇九年には、仕事関係の友人（世界綿花協会の元会長）から永年におよぶ綿花取引の経験を生かして、イギリスのリヴァプールに本部を置く世界綿花協会の理事になるように勧められ、その後同協会の理事を八年間務めた。その関係もあって、退職後は綿花の普及活動を世界綿花協会から依頼された。さらに、市役所関係者などから依頼された「綿花と海外駐在体験」について市民を対象にした講演を重ねてきた。

一　島崎隆司と綿花との関り

私は名古屋近郊の一宮市に生まれ、会社に就職するまでの二二年間はほとんど尾張地区で過ごし、海外とはまったく無縁の生活を送っていた。就職先は一宮市に本店を置く繊維商社豊島株式会社（一八四一年創業）に決めた。大学卒業の一九七二年から会社を定年退職する二〇一七年までの四五年間、この会社で綿花取引に携わってきた。一宮市は戦前・戦後を通じ、毛織物の街として知られ、生産量は全国でもトップクラスであった。入社後すぐに、綿業部と言って綿花（原綿）を扱う部署に配属された。豊島が海外に綿花買い付けの工場を持っていることを知ったのは、配属後のことだった。入社三年目の一九七四年に中米ニカラグアへ赴任、一九八〇年ニカラグア革命によりロサンゼルス支店に転籍、一九八五年にアメリカから名古屋本社に帰任し、その後は前述の海外出張を繰り返し、部長、常務取締役を経て二〇一七年に退社した。外部団体である世界綿花協会の理事も同年退任した。

綿花と豊島の関わりは、明治維新前からあった。江戸時代、尾張平野は麦の裏作としてほとんどの畑で綿花が作られ、国内有数の綿花地帯だった（一宮地場産業ＦＤＣ　二〇二二）。一宮の綿花問屋は大阪に次いで多く、一八四四年には二九軒あったとの記録があり、豊島もその一軒だった。このように家業として綿花の商いをはじめ、その後、綿糸、綿織物、毛糸、毛織物などを手掛けるようになった。明治の中頃から日本での綿花生産はコスト的に外国産に太刀打ちできず、その栽培量は大きく減少した。一方、紡績業の発展により、輸入綿花の商いは財閥系商社を中心に活発になったが、豊島では扱わなかった。そのため、第二次世界大戦後の綿花輸入商社には加われず、綿花の商いは他の商社の後塵を拝することになった。しかし、一九五〇年代半ばに名古屋地区の紡績会社の依頼や協力もあり、再び綿花取引をはじめることになった。この遅れは当初は大きなハンディキャップとなり、大阪を中心とする大手紡績会社との商いはなかなか進まなかった。綿花は、紡績会社にとって、最も重要な原料であり、その供給と品質に問題があれば、紡績操業を停止せざるを得ない。そのため、当初は新規参入者である豊島には実績もなく信用が得られなかったようだ。この問題は、時間をかけて実績を上げることにより徐々に解決に向い、二〇〇〇年以降には、綿花輸入実績は大手商社の撤退もあったが業界のトップを維持していた。

二　一九七四年一二月　初めての赴任地ニカラグアへ

一九七四年一二月にアメリカ、ロサンゼルスに二週間ほど滞在後、その年末に中米のニカラグアに赴任した（図1・1参照）。

中米とはメキシコの南側からパナマ運河までを指す。グアテマラ、ホンジュラス、エルサルバドル、ニカラグア、コスタリカ、パナマ、それに英領ベリーズを含め七ヶ国で構成されている。ニカラグアの面積は約一三万㎢で、湖が約7％を占めている。人口は約六三〇万人、そのうち約70％（ニカラグア人口統計）がラテン系の白人とインディオとの混血である。そのほとんどが敬虔（けいけん）なカトリック教徒で陽気な気質である。しかし、治安については中南米全体に言えることだがけっして良くない。

ニカラグア湖は世界で一〇番目に大きい淡水湖であり、次に大きいマナグア湖は一一〇〇㎢で、琵琶湖の約1・5倍の大きさである（巻頭カラーページ図1・2参照）。当時の主な収入源は綿花、サトウキビ、コーヒー、木材の輸出だった。なお、現在では、以前盛んであった綿花の栽培は一切なくなった。また、サトウキビ、木材など輸出品目は限定され貿易収支も改善されず、今でも世界の最貧国の一つである。当時は東西冷戦(1)の真っ只中で、アメリカ対ソ連・キューバの対立が、中米特にニカラグアに持ち込まれていた。現地政府は親米の独裁政権であり、共産主義ゲリラとつねに小競り合いをしていた。こうした状況とは別に、ニカラグアは、日本の紡績業界にとって、綿花の重要な供給国だった。なぜなら日本は綿花消費の一割以上をニカラグアに頼っていたからである。

一九七九年サンディニスタ革命が勃発、すぐに共産主義政権が樹立し、現在も共産主義国である。ところで、ニカラグアは国連で日本の味方になってくれるほどの親日国で外交上大切な国である。ニカラグアの一般国民は、革命で多くの血を流したにもかかわらず、国の経済復興はいまだに進んでいない。さらに、革命時に欧米の資本が流出して以降、それら資本家は戻って来ず、疲弊したままの状態が四〇年以上続いている。綿花栽培は、大きな資本投資を必要とするため、欧米諸国の投資なくしては以前のような綿花輸出による外貨収入は期待出来ない状況である。それも経済発展が大きく遅れている要因の一つと思われる。

図 1.1　中央アメリカの地図

(1) 地震直後の首都マナグアと未整備な幹線道路

ロサンゼルスからニカラグアの首都マナグアまでは、空路ジェット機でグアテマラを経由して九時間の道のりだった。ニカラグアでは、地方都市の開発が進んでいないこともあり、首都にあるマナグア空港が唯一の国際空港だった。そこでは、私が赴任する二年前の一九七二年にマナグア大地震が起きていた。しかし、二年経った一九七四年になっても、建物や道路の復旧はまったく進んでいなかった。現地は地震直後の様相のままで、街灯もまばらで瓦礫が散在しており、まるで廃墟のようだった。マナグア到着後、出迎えてくれた従業員と一緒に、まずは、地元の有名なレストランで夕食（カルネアサーダ）をとった。

その後、三五〇キロ離れた工場のあるチナンデガ市、エル・ビエホ村へ車で向かった。マナグア湖の周りを通り、第二の街レオンまで約二〇〇キロ、そこからチナンデガまで一五〇キロの距離である。アメリカ縦断道路が通っているが、整備はほとんどなされていなかった。道の周りはジャングルとサトウキビ畑、残りは荒地が点在しているだけだった。途中、街灯がまばらな中で、馬、牛、野生の犬、またマチェッテという大きなマサカリのような刀を持った農民らしい人影が見えていた。工場のある町に入る手前では、その数ヶ月前の大雨で橋が流されており、復旧作業もされておらず、仕方なく浅瀬を探して対岸に渡った。マナグアからチナンデガまで通常は五時間だが、一〇時間かけて翌日早朝に工場兼事務所に着いた。社宅はトタン葺きの鶏小屋風で、天井にはイグアナやネズミが走っていた。私は、予想していたよりも、ひどいところに来たものだと、あきらめのようなため息をついた。なお、近くにある従業員の家は、トタンでできたバラック小屋のようで、屋根にはバナナの葉が置かれていた。

(2) ニカラグアでの仕事内容

当時の私の肩書は、現地人マネージャーより権限があるジェネラル・マネージャーだった。日本で言えば全権限を持った社長みたいなものである。この業務遂行を大変心配していたが、前任者である諸先輩が（私で三代目の日本人責任者）すでに経営のレールを敷いていたため、その心配は杞憂に終わった。工場には日本人マネージャー以外に現地人のマネージャーが一人いた。彼は現地会社が発足した一九六八年から勤めており、仕事に精通し、経験のあるマネージャーだった。また、現地の上流階級の出身で、英語を流暢に話す地方の名士でもあった。そのため、日本人マネージャーと現地従業員との意思疎通や地方の政府関係者との市況や政情の情報収集を受け持っていた。現地の言葉や習慣、および政情に疎い日本人には、大変重要な存在であった。このように彼の担当は、労務を含めた一般管理が主だった。話がそれるが、現地の上流階級では、出身家族のファミリー・ネームが大切であり、彼らはそれから相手の地位を推測していた。たとえば、名前の最後に父親と母親の苗字を並べて書くので、それに出身地を付き足せば、相手の家族関係などが分かるようだ。このような生活環境にもヨーロッパの影響が残っていた。

ニカラグアでの仕事は多岐にわたったが、主に次の五つに分けられる。①実綿の買い付け、②その実綿から繊維を取り出し、種子とゴミなどを分離し繊維を揃える綿繰り工場（ジンニング工場）の操業（巻頭カラーページ図2参照）、③綿繰り工場で取り出され、梱包された繊維（リントコットン）の品質検品、④その品質に応じて、適品をアジア各国の紡績工場に船積みすることである。⑤実綿から繊維と分離した種子に付いている産毛のような短い繊維（リンター）と取り除かれた種子を分離する工場（デリンティング工場）[2]の操業である。

また、従業員も経験豊かであり、日本人の考え方をよく理解していたので、大きな問題なく業務遂行ができた。一番大切にしたのは、現地従業員との意思疎通（コミュニケーション）だった。それには、まずスペイン語会話の習得が急務であった。ニカラグアの上流階級はアメリカとの交流が盛んで多くは英語を話せるが、一方従業員や地方の農民はスペイン語しか話せない。私は英語については、何とか理解できるがスペイン語はほとんどわからず赴任した。そのため、個人レッスンの相手を探したが、このような田舎では適当な人がすぐには見つからなかった。まずは、農民からの実綿の買い付けが差し迫っていたので、商売の基本は値段と受け渡しの年月日であるため、数字と年月日（曜日）を短時間で集中的に勉強した覚えがある。

なお、個人的な経験や勉強として、工場近くの畑に小規模ながら綿花の種子を植え付け、栽培、摘み取りなどをしていた。この経験は、後に綿花の買い付け、販売、品質のクレーム解決に大変役にたった。たとえば、実綿を手に取ってみれば、繊維と種子の歩留まり比率や繰り綿後の綿花（リントコットン）の品質等級を予想することができるようになった。

（3）シーズンオフの休日の過ごし方

繰り綿工場の稼働は一二月から四月まで、二四時間操業であり、それ以外はシーズンオフだった。休日は近くの中米最大のコリント港に月に一～二回寄港する日本の貨物船を訪問したり、工場内のバナナ、ヤシ、マンゴーの木に登るイグアナを小型ライフルで撃ったりしていた。日本なら動物愛護で問題になるが、現地では力仕事をする住民が強壮剤としてよくイグアナを食べていた。工場にはニワトリ、牛、馬の他に時折、蛇やサソリもいた。また、治安がよくないので、警備のために工場には、ライフル二丁、小型ライフル二丁を保持していた。日本ではピストルの所持が禁止されているが、ニカラグアでは自由に持てた。

一〇〇ドルで携帯許可証が取れたからである。そのような理由で工場の敷地内でいろいろな銃を試射していた。シーズン中は、実綿（Algodon Rama）の搬入が集中するため、保管倉庫だけでは足らず野積みする必要があり、工場の敷地面積は東京ドームより大きい約六万平米であった。常勤の従業員は四〇人だが、シーズン中には三〇〇人を超えていた。

（4）命がけの買付

毎年一一月のシーズン前になると小規模な農家が自分で育てた綿花を当社工場に自ら売りに来る。その数量は僅かだが、一年分の収入になるため、彼らにとっては一大行事だった。馬に乗り、護身用にマチェッテ（山刀）または古びたピストルを携え、値段の交渉時にはそれを机の上に置き、刃の先や銃口をこちらに向けて座り、虚勢を張った。向けられた方は良い気分はせず、まずは銃口を横に向けてから商談に入ることにしていた。彼らは小規模ながら自ら育てた生産物である綿花には大いにプライドを持っていた。また、彼らが育てた綿花の品質は良く、契約履行においても、大手の農家に劣らず信頼がおけた。「このような奥地の田舎にもいい文化が残っている」と感心した。

（5）頻繁な入院体験

工場内の井戸水を何ら警戒することなく飲んでいたため、私の体内はアメーバでいっぱいになり、チフスで頻繁に入退院を繰り返した。現地は、亜熱帯・熱帯で水質も悪く、飲料水として使っていた井戸水は病原菌でいっぱいだった。また、年二～三回は藪蚊が大量発生しよく刺された。シーズン中は二四時間操業で、真夜中は何が起こるか分からず心配で、寝るのは朝方だった。シエスタ（昼寝）はとっているが、暑さや睡眠不足による疲労、蚊、また砂嵐などにより、年に何回かはチフスに罹った。体がだるく熱が出て歩けなくなった。それを何度も経験すると自身の体力の限界もわかってきた。自分の判断で病院へ行ってその旨を医者に説明すると、すぐに、リンゲル注射を打ってくれた。安静にしていると一週間で回復した。

海外駐在員や出張者が東南アジアに行くとよく悪性の下痢をする。当初は、現地の水、細菌、アメーバが体に合わないためであり、二～三ヶ月で大抵は現地の環境に順応し、下痢をしなくなる。しかし、一時帰国で日本に帰り、数か月後に現地入りすると再度体に不調をきたす。なぜなら日本には、病原菌が少なく、免疫性が無くなるからである。体には少しぐらいの病原菌やアメーバを持っていた方が病気にかかりにくいと先輩駐在員から言われたことがある。ひどい悪性もあるので、海外へ出るときは、抗生物質を常に携帯していた。海外赴任前に祖母から外国では水には気をつけるように何度も注意されたことを思い出した。水と安全は日本が世界で一番だと言われていたことが実感できた。

(6) 肝っ玉のお母さんと娘

豊島（株）は、以前より、ニカラグアにおける綿花活動を拡大する方針を持っていた。そのため、現地へ長期的・継続的に駐在員を派遣することを決めていた。その方針に沿って、前述のごとく、ニカラグアへ赴任することになった。赴任前に婚約しており、約束通り赴任二年後に日本に一時帰国し、結婚式を挙げた。式後、われわれはハワイ、ロサンゼルス、メキシコ、サルバドル、グアテマラを経て二ヶ月後ニカラグアに着いた。しばらくして妊娠を知った。ハネムーン・ベイビーだった。妻・島崎敏江が現地で産むと決心していたが、近くに日本人がだれもいなかったため、心配になり、急遽、日本から『家庭の医学』を取り寄せ読み始めた。

まずは、妊娠や出産を理解し、スペイン語でどう言うのかなどを勉強し始めた。このような機会があったおかげで、後になって同年配の夫の皆さんよりは、出産に関してはよくわかっていると自認できた。幸い、出産には日本から妻の母親が駆けつけてくれた。これには大変勇気づけられた。住んでいるチナンデガ市から一五〇㎞離れたレオン市で、無事長男が生まれた。この熱帯の低開発国で出産を決意した妻の胆力には頭が下がる思いだった。日本の習慣とは違い出産二日後には母子ともに退院した。この見知らぬ国での出産は大変だったと思う。また、義理の母も怖いもの知らずで、出産一週間後には、一人でパナマ、コスタリカへ旅行した。私は飛行機の予約をしたのみで、義理の母親は旅行社も使わず、現地の日本大使館に行き、ホテルや観光地を見つけて行動した。この親子の胆力、行動力には驚きだった。なお、妻と長男は一年半後には政変で急遽日本に帰国した。

(7) ゲリラの暗躍と脅迫状

ニカラグアの主な収入は綿花の生産とその輸出からなっていた。一九七八年の後半からソモサ政権（親米・独裁政権）に対して国民の不満が爆発した。各地でデモが起こり、夜になると街角でタイヤが燃えていた。戒厳令が全土に敷かれ、夜は外出禁止になり、当然、治安も急速に悪化し、住民は神経質になった。その状況下、家族を緊急に日本へ帰国させた。時を同じくして、ゲリラと思われる者から「工場を燃やす、さもなければ二〇万ドル支払え」との脅迫状が送られてきた。この件を日本大使館に連絡すると、すぐにニカラグア国軍より身辺を守るために、ボディーガードが派遣されてきた。彼は、映画の『ダーティハリー』[3]で有名なマグナム銃を携帯、肩のナップサックには小さなマシンガンを持っており、工場の従業員からは、恐れられていた。なお、彼は一年後の革命戦争で死亡した。

商談や食事などは、つねにボディーガードと一緒で窮屈だった。一番困ったことは彼が顧客や従業員など周りの人から恐れられ、その苦情を受けることだった。なお、当時中南米では共産ゲリラの動きが活発になっていた。そのため、治安は悪化し、政府による統制がとれなくなっていた。同じころ、隣国のエルサルバドルにある日本の紡績工場の日本人社長が身代金二百万ドルを要求された。しかし、それを支払ったにもかかわらず、結局、山中にて死体で発見された。ところで、工場操業中は敷地内には当時で一〇億円相当の実綿及び綿俵が積み上げられていた。綿の特性で、油成分を含んでおり、引火しやすく消えにくい性質があるので、私達は火に関しては特別に注意を払い、神経質になっていた。それでもボヤ騒ぎは頻繁に起きていた。なお、工場警護を強化するために、今まで所持していた大小四丁のライフル銃に加え、さらに散弾銃を三丁買い増した記憶がある。他の綿繰り工場も同様に厳重警戒をしていた。

（8）ＣＩＡ（アメリカ中央情報局）らしき農場の散在

ニカラグアの綿作の多くはアメリカ資本に頼ってきた。当時（一九七〇～八〇年代）は東西冷戦の真っ只中にあり、ソ連（当時）をバックにキューバは、共産主義勢力の拡大に努めた。そのために、キューバは中南米各国に共産主義ゲリラを送り込み、アメリカ寄りの政権を打倒して共産政権を樹立しようとしていた。特に、ニカラグアは親米政権（軍事政権でもあるソモサ政権）であったため、標的になっていた。後日、その目的は、共産革命で達成した。アメリカは中南米では共産ゲリラの動きなどの情報収集のため、ＣＩＡはどんな田舎でも、その拠点を持っていたようだった。住居は農場を装い、アメリカ人は表に出ず、現地従業員が活動していた。建物は立派であるが人の出入りは少なく、大きな家に異様に高いアンテナを立てていたのが特徴的だった。

（9）サンディニスタ革命勃発と日本大使館員による救出

一九七九年春、私の後任として綿繰り工場に日本の本社から二人の社員がニカラグアに赴任してきた。その後、私は代わりにニカラグアからロサンゼルス支店への転勤辞令を受け取り、日本に一時帰国した。その三ヶ月後の六月に内戦が始まり、七月にはサンディニスタ革命が成功した。以下の内容はその後任二人の話となる。共産主義ゲリラが革命勃発後すぐに各地で蜂起し、それに対しニカラグア国軍が出動し、市街戦や空爆が始まった。空爆は予想できないため、二人は工場の中を移動し、綿繰り機のプレス機械の中に避難したりしていた。プレス機は頑丈で縦横二〇センチの厚さの鋼鉄製だった。工場近くで死傷者が出たため、銃撃戦を避けようと、さらに工場内を移動した。食料も無くなり、日本から持ち込んだインスタントラーメンが唯一の食べ物だった。もちろんくだもののバナナ、メロン、マンゴーもあった。人間は、「いつ殺されるかも知れない」、という状況下では恐怖感から何度も食べ物を吐くと言われている。ゲリラの一斉蜂起から一〇日後、戦いは小康状態になった。この二人は日本大使館に在留届を出していたので、大使館員が日章旗と赤十字の旗を立て、工場に閉じ込められた赴任者二人の救出に向かった。しかし、突然銃撃戦が始まり、大使館員は途中で引き返し、二日後やっと救い出された。私はその大使館員の勇気に頭を下げざるを得なかった。内戦中、日本の外務省を何度も訪問し、連絡を取り合い、その後すぐに状況を調査するために、ニカラグアへ再入国した。ちなみに、この時期から中南米の日本大使の公用車は全て防弾車になった。一年後一九八〇年に働いていた綿繰り工場設備と土地は外国資本であるとの理由で接収・国有化された。最終的には外国人であるわれわれはニカラグアから撤収し、事務所のあるロサンゼルスまで引き揚げることになった。

(10) ニカラグア再訪

二〇一五年の秋、私はサンフランシスコで開かれた後述の「世界綿花協会の年次総会」に出席した。その折、妻と一緒にマイアミ経由で三五年振りにニカラグアを訪れた。当初は日本大使館員に訪問の挨拶をするだけの予定だったが、大使が突然その場に来られ、我々の訪問に大変興味を持たれた。昔の話を聞きたいとのことで、挨拶だけの三〇分の予定が夕食を挟んで五時間ほど昔話をすることになった。革命以前は、多くの日本の綿花商社が首都マナグアに事務所をもち、二〇社以上の工場が進出しており、一〇〇人以上の邦人が駐在していたことなどを話した。翌日は二〇〇㎞離れた古都レオンへ行き、長男が生まれた病院を探した。記憶が薄れていたこともあり、探すのに一時間かかった。その病院はすでにこの地方の保健所になっていた。その外壁のところどころに、革命の折の銃弾の痕が残っていた。

その後一五〇㎞離れた、当時住んでいたチナンデガ市に向かった。綿繰り工場跡はすでに貧民街になっており、中へは入れず、門の前から当時を偲ぶだけだった。通りかかった数人の住民に尋ねたところ、こに、日本の工場があったことを知っているのは、この村の古老の人だけだった。街道には新しい家も立ち並んでいた。しかし、古い民家には銃弾の痕が残っているところもあった。当時と比べ変わったところは街並みが幾分きれいになり、パンアメリカン縦貫道路が少し整備されていたくらいだった。当時、最大の収入源であった綿花は全く栽培されておらず、経済的にはさらに悪くなっており、住民も当時と比べ暗い感じがした。彼らは当時の東西冷戦の犠牲者であり、なぜ多くの死傷者を出すような革命が必要だったのかと考えさせられた。

三　ニカラグア駐在からアメリカへ転勤

サンディニスタ革命により、一年遅れた一九八〇年にニカラグア駐在からアメリカ、ロサンゼルス支店へ正式に転勤となった。そして、ロサンゼルスをベースとして、中米やアメリカ国内産の綿花を買い付け、それらを日本や中国をはじめ東南アジアへ販売する業務を担当していた。この節では、家族を呼び戻し、住んだロサンゼルス、何度も出張した綿花取引の中心地メンフィス、アメリカで最も進んだ農業地帯サンホーキン盆地、および顧客と訪れた商品取引所の四か所について触れる。

（1）現地法人のあるロサンゼルス

豊島（株）はニカラグアを含め、海外の綿花取引を主管する海外現地法人の拠点をロサンゼルスとしていた。そのため、私が一九七四年にニカラグアに赴任する前にも、一〇日間程短期滞在していた。その時の感想は、アパートの床にはフワフワの絨毯が敷かれ、車のガレージは自動開閉、水道は温水が出ているといったものだった。また、ハイウェイは二～三階建てで、片側四車線、車は一〇〇キロ以上で走っており、驚きの連続だった。ニカラグア駐在時代は年に一度ロサンゼルスを訪れ工場操業の状況説明などの営業会議に参加した。

熱帯で低開発国のニカラグア駐在から見たロサンゼルスは温暖で雨が少なく、日本人町、ディズニーランド、ハリウッドそして何よりも日本食が豊富な憧れの街だった。この転勤を機に、ニカラグアの政情不安からその二年前（一九七八年）に日本に一時帰国させていた家族を呼び寄せ、ロサンゼルス近くの日系人の庭師（にわし）が多いガーデナ市に住むことになった。そこからサンディエゴやラスベガスは二～四時間のドライブで行ける距離だった。

一九七〇～八〇年代は日本人駐在員が多く、日本語の新聞・テレビが氾濫しており、海外に来た感じはしなかった。ロサンゼルスでの駐在二年目で、次男が誕生した。今回も妻は現地で出産することに決めていたので、長男の時と同じように妻の母親が駆けつけた。医者は日系人で日本語が堪能、出産するのもその地域の大病院だった。長男のニカラグアでの出産と比べ、精神的にも比べものにならないくらい安心できた。三年後はカリフォルニア州の綿花栽培の中心地であるフレズノに転居した。

（2）アメリカの綿花取引の中心地メンフィス

アメリカの綿花取引の中心地は、プレスリー、ジャズ、ゴスペルなどで有名なテネシー州メンフィスであり、その隣のミシシッピー州には広大な綿花畑が広がっている。綿花栽培の主要地帯は、マーガレット・ミッチェルの著者『風と共に去りぬ』（一九三六年）で有名な南部諸州である。メンフィスには農園の大地主や綿花商のオーナーがマンションという豪邸に住んでいた。多くの綿花商はミシシッピー川に沿ったフロントストリートに事務所を構えていた。

そこには、アメリカ国内外から多くのコットンバイヤーが、買い付けや情報収集のため訪れている。当時、私がアメリカでロサンゼルス以外に初めて訪れた都市はメンフィスだった。そこにはアメリカで唯一の綿花学校（Cotton School）があり、それは主に綿花の品質鑑定に関する知識と技術を教え、アメリカ農務省の綿花鑑定士の資格を取るための予備校だった。それゆえ、世界各国の綿花商社や紡績会社から多くの生徒が入学していた。私も、ニカラグア駐在の閑散期に研修という目的で、一九七五年の夏にその学校に四ヶ月間通い、おかげで、綿花鑑定士の資格を取ることができた。

サンディニスタ革命でロサンゼルスに転勤した後、毎月のように綿花の買い付けや情報収集のためこの町を訪れた。メンフィスから南へ二五〇㎞のミシシッピー州グリーンウッドには全米一の綿花の農協があり、日本の綿花商は必ず訪れていた。そこには、できて一〇〇年以上経つ古めかしいレストランがあり、一kgのT–ボーンステーキとナマズ（キャット・フィッシュ）を平らげることが日本からくる綿花商の決まりだった。農協の幹部は、冗談ながら平らげなければ商いをしないと脅したりした。しかしながら、当時は、原料である綿花をアメリカから分けてもらわなければ、日本の紡績業は成り立たなかった。そのため、日本の歴代の綿花商はこの要求に果敢に挑戦した。日本のナマズに比べ大きく、味は淡泊で美味しくなかった記憶がある。綿花と米は共に豊富な水が必要で、そのために綿畑のいたるところに大きな池があり、そこでナマズが養殖されていた。なお、メンフィスの観光名所はプレスリーの家であるグレースランドとジャズの街ビールストリートであり、日本からの出張者とはよく訪れた。

(3) ミシシッピー川岸に立ち並ぶ綿花商の事務所

メンフィスのミシシッピー川右岸には全米のほとんどの綿花商の事務所が立ち並んでいる。メンフィスは日本と同様に夏は大変蒸し暑いところである。そこにいる綿花商はイギリスの綿花商同様に仕事にプライドを持っており、英国紳士風に夏でもスーツとネクタイ姿である。ニューヨークのオフィス街にいるようで、我々訪問者もスーツを着ざるを得なかった。また、ダウンタウンのいたるところに大きなコットンサンプルの袋を背負った黒人をよく見かけた。それは、まさに綿花と黒人、およびアメリカの南部が結びついた瞬間だった。彼らのルーツはタバコの栽培であり、のちに綿花の摘み取りのためにアフリカから奴隷として連れて来られていた。[4]また、メンフィスは公民権運動[5]（Civil Rights Movement）で有名なマーチン・ルーサー・キング牧師が暗殺された地でもあり、彼も人種差別における犠牲者だった。なお、カリブ海や中南米の黒人奴隷は主にコーヒーとサトウキビの刈り取りのためだった。

（4）アメリカで最も進んだ農業地帯　――サンホーキン盆地と綿花業者の相場感を惑わすテホン峠――

カリフォルニア州サンホーキン盆地は、高品質の綿花やアーモンドなどの堅果類、オレンジ、ブドウの柑橘類、野菜、および多くの農産物が生産され、「世界の食糧バスケット」と呼ばれるほどいろいろな農作物が栽培されている。そこは地球上で最も生産性が高い人工の環境を持っていると言われている。ここで栽培されるサンホーキン綿は繊維長が長く、強度があり、さらに光沢があるために日本で好んで使用されている。私は綿花買い付けのために、そのサンホーキン盆地の中央に位置するフレズノに一九八三年から二年間家族と共に住んでいた。近くには、世界遺産のヨセミテ公園やセコイア国立公園、少し離れたところにシエラ・ネバダ山脈がある。フレズノに行くにはロサンゼルスから車で片側四車線のＩＨ－５[6]を北上する。四〇分後には左手にディズニーランドと並ぶ人気の遊園地マジック・マウンテンが見えてくる。

さらに三〇分程車を走らせると、綿花関係者が相場感をしばしば見失うと言われている標高一二〇〇メートルのテホン峠がある。そこから、すぐに海抜ゼロメートル地帯まで駆け下ると、サンホーキン盆地の南端に着く。その間の一〇分間の景色が魔物である。まずは、空にはうっすらとしたスモッグの様な靄（もや）

が見え始める。その後一転して、地平線の果てまで広がった純白色の綿花畑が眼前に現れる。この光景を見てほとんどの人が、一年で使い切れないような余りある綿花が採れると錯覚し、買い付けを控える。また、買い付けポジションを大幅に縮める。業界用語ではショートポジションという。[7]その後二〇分で、全米では大きな綿花の農業協同組合（Calcot）があるベーカーズフィールドに着く。当初綿花を買い付ける予定でいた業者が先ほどの光景を目に浮かべそれを取りやめるケースがよくある。綿花は嵩がある割には目方（重量）がほとんどないことを忘れてしまっているからである。この光景は、綿花の収穫時期の一〇月に限られるため、「この時期の綿作地訪問は避けるべきだ」との言い伝えが綿花関係者の中にあるほど、多くの人々が収穫高を錯覚したといわれている。それほど強烈にひとの目を迷わす光景である。ほとんどの人がこの綿花畑を見ると、実際以上に大きな収穫高を予想する習性があると言われている。綿花の純白色が視覚を麻痺させているのかも知れない。ベーカーズフィールドを後にして、さらに綿花畑に沿った州道99号線を進むと二時間でフレズノに着く。ロサンゼルスからフレズノまでは、計四時間のドライブであり、そしてサンフランシスコから約三時間の距離である。ゴールド・ラッシュで賑わった州都のサクラメントは、フレズノから車で二時間北のところにある。フレズノには、戦前からの日系移民が多く、日本食も豊富である。そこには乾燥した砂漠地帯（盆地）にシエラ・ネバダ山脈の雪解け水を利用した灌漑水路が張り巡らされている。太陽光が降り注ぐ大地に必要に応じて水を供給できるため、計画通りに綿花栽培が進められ、そこで採れる綿花は最高の品質を誇っている。この綿花畑を見ると、だれもがアメリカの農業は工業だとつくづく実感するだろう。この地での農業、特に綿花栽培で一番大切なもは、水の利権と安価な水を確保することである。水と安全はタダだと思っている日本人も多いが、この地の農場主は水を手に入れるのに必死である。なお、盆地のため、冬は霧がよく発生し零度以下に、夏は四〇度超えで乾燥しており、冷暖房に掛かる電気代が思った以上に高くなり、悲鳴を上げた記憶がある。

（5）顧客と訪れたニューヨークとシカゴの商品取引所

日本からの綿花関係の出張者は、第一にカリフォルニア州のサンホーキン盆地の綿花畑と、そこに本社を置く大手の綿花農協のCalcotを訪問する。その後、彼らはテキサス州のダラス、またテネシー州メンフィスの綿畑やその地の大手綿花商社を訪問し、商談するのをつねとしていた（図3参照）。最終的には東海岸に向かうが、その途中、五大湖の近くにある後述のシカゴ商品取引所（CBOT）、さらにウオール街や自由の女神のあるニューヨークで、ニューヨーク綿花取引所（NYCE）を訪れ、そしていろいろな情報を得て、日本に帰国するのが通例になっている。

なお、個別にはこのような大手の取引所、特にピット[8]の中に入れる機会がないために、私は日本から団体で訪米する出張者と一緒に入るようにした。その中で、一九九五年の夏にアメリカの農務省や綿花商の招待を受けた日本の紡績会社や綿花商社の団体と共に、この二大取引所を訪れる機会を得たことは幸運であった。この時、アメリカを襲った干ばつにより、穀物の収穫量が大幅に減るとの思惑から、シカゴ商品取引所の穀物相場の暴騰場面に出くわした。その勢いがニューヨークの綿花市場にも波及し、綿花価格もそれに連れて急騰した。これは後に語り草にもなった滅多に見られない珍しい局面での訪問であった。な

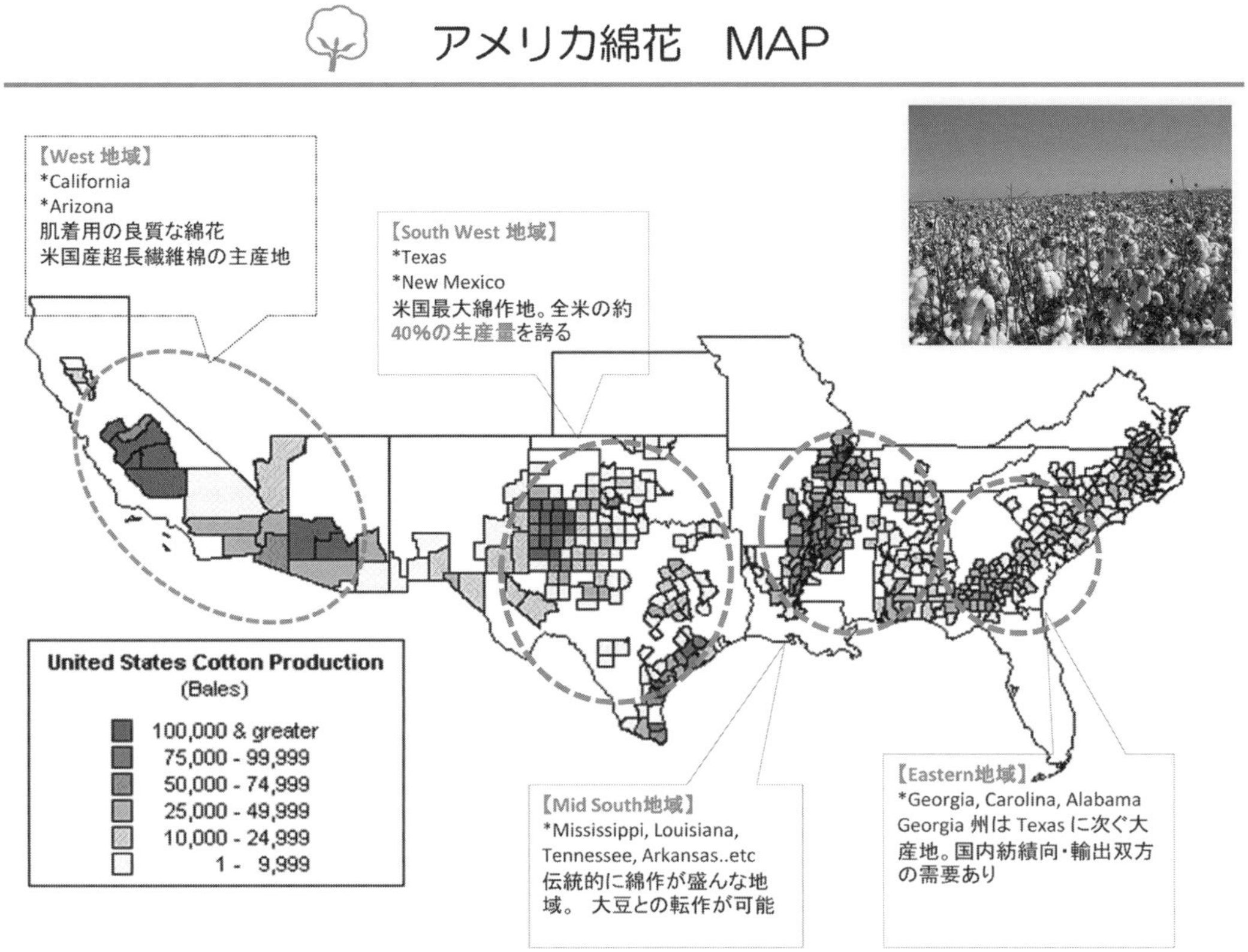

アメリカ綿花　MAP

【West 地域】
*California
*Arizona
肌着用の良質な綿花
米国産超長繊維棉の主産地

【South West 地域】
*Texas
*New Mexico
米国最大綿作地。全米の約
40%の生産量を誇る

United States Cotton Production
(Bales)

100,000 & greater
75,000 - 99,999
50,000 - 74,999
25,000 - 49,999
10,000 - 24,999
1 - 9,999

【Mid South地域】
*Mississippi, Louisiana,
Tennessee, Arkansas..etc
伝統的に綿作が盛んな地
域。 大豆との転作が可能

【Eastern地域】
*Georgia, Carolina, Alabama
Georgia 州は Texas に次ぐ大
産地。国内紡績向・輸出双方
の需要あり

図３　アメリカの綿花分布（日本綿花協会）

お、当時は場立ちで取引されていたが一五年前より電子取引になり、喧騒のなかでの取引風景が見えなくなり、私をはじめ多くの綿花関係者は、物足りなく寂しく感じている。

四　オーストラリアの綿花生産

オーストラリアは世界有数の穀物や牛肉の輸出国であり、羊毛の生産・輸出国であることでも知られている。一方、綿花の本格的な栽培は約六〇年前から進められた。最近では、羊毛の輸出同様に世界で注目されている。綿花は主に東南部の内陸地帯で栽培され、現在では世界に占める綿花の生産量や輸出高は、ともに上位に位置している。飯泉の研究結果（飯泉 二〇一六）によるとオーストラリアの綿花栽培を含めた農業問題はエルニーニョによる干ばつが数年おきに発生し、生産高が不安定な点である。[9]しかし、綿花栽培効率や品質面はアメリカを抜いて、世界一を誇っている。その成果は後述するが、それには日本の綿業界が大いに貢献した。

（1）小牧空港からオーストラリアへ

一九八九年、私は初めてオーストラリアを訪問した。当時は、小牧空港からブリスベンまで、毎日ジャンボ機が直行で飛んでいた。日本はその頃バブルの真っ只中で、オーストラリア、特にゴールド・コーストに大きな投資がなされた。どこへ行っても日本人の観光客が多かったが、最近では中国人に代わったようだ。最盛期には、毎日数便が日本の六大空港から飛んでいたほど交流は活況を呈していた。また、現地の多くの小学校では日本語学習も盛んだった。その後のバブル崩壊で、今ではセントレア（中部国際空港）からの直行便も無くなってしまい、東京や大阪から数便飛んでいるだけとなっている。私は一九八九年以降一三〇回以上オーストラリアを訪れており、東海岸のほとんどの都市を訪れた。

（2）内陸に広がる綿花畑とラグビー場

綿畑はクイーンズランド州では、ブリスベンから車で西に四〇〇㎞のところにあり、ニューサウスウェールズ州ではシドニーからプロペラ機で一時間半の内陸部にある。景色はカリフォルニアのサンホーキン盆地と類似しており、見渡す限りの畑が広がっている。綿作は一九六〇年代よりアメリカの近代的な綿作技術と機械を使い、東部内陸部の未開地を切り開き、大規模な灌漑設備をもって始まった。農業主はアメリカ、イギリスその他のヨーロッパからの移民が多く、名古屋市よりも広大な農場も見かけられた。一番びっくりしたのは、どんな小さな田舎の村にもラグビー場があることだった。

オーストラリアでは、日本でもなじみのあるラグビー・ユニオンとラグビー・リーグの二種類のラグビーリーグがあり、さらに素人目から見たらよく似たオージー・フットボールがある。商売相手である綿花農家の人達には、ラグビーのゲームは大変人気があり、彼らの多くは学生時代に毎日のようにプレーした経験があると話してくれた。週末になると、よくブリスベンにあるサンコープ・スタジアムに試合の観戦に出かけたが、いつも超満員で熱気にあふれていた。なお、クリケットも大変人気があり、休日には観戦に誘われたが、複雑なルールがあるように見えるうえに、さらに試合に時間がかかり、退屈だったため観戦は数回だけだった。

(3) シドニーとブリスベンでの日本食レストラン

オーストラリアを最初に訪れてからしばらくの間は、出張期間の一ヶ月間は、平日は内陸部で綿花栽培農家やブローカーを訪れたりして、オーストラリアに馴染もうとした。週末はシドニーやブリスベンなどの大都市に戻り、日本食を堪能した。さすがに週に五日間続けての内陸でのオーストラリア・ビーフずくめは飽きが来た。この様な出張行程を二年間で八回繰り返した。そのため、農場主や綿花商が私の顔と名前を早く覚えてくれた。そのおかげで買い付けがスムーズに進み、取り扱い量は大幅に増えた。なお、日本食レストランの多くの店はリカーライセンスを持っていないこともあり、酒を持ち込むことができ、意外に安く済んだことを覚えている。

(4) オーストラリアの綿作

オーストラリアの綿作には日本の紡績会社と商社が積極的に応援し、多大な貢献をした。オーストラリア綿花の魅力は、南半球ということで、端境期（はざかいき）での供給ができ、アメリカなど北半球の綿花と共に年間を通じた安定供給が得られたことである。さらに、受け渡しについては、船の航海日数が七日から一〇日間と短く、綿花在庫を抑えることなどのメリットがあった。オーストラリアの人々が植え始めた最初の二年間は大雨などの天候の問題で、収穫が思ったようにできず、品質的にも満足できるものが生産されなかった。これは契約上オーストラリア側の不履行になり、日本の綿業界は多大な損失を被った。しかし、それにもかかわらず、日本側は両国の綿産業の将来を考え、積極的に応援をした。その結果、オーストラリアは今では世界的に有数な生産国、輸出国となった。年配の農家の人々はそのことを憶えており、彼らと会う度に日本の貢献の話を何度も聞く機会があった。

なお、オーストラリア綿花の生産及び品質面で、ベスト・マネージメント・プラクティス（Best Management Practices, BMPs）と呼ばれるイニシアティブが大きく貢献している。これは、自然環境、住民、地域コミュニティを維持しながら、高品質で高収量の綿花を生産することを目的としている。ＢＭＰｓは、オーストラリア綿花産業の環境・社会的なスタンダードであり、これは後述のＢＣＩ（Better Cotton Initiative）と同じく世界の最高レベルにあるとされている（巻頭カラーページ図4・1と4・2参照）。

（5）提督と州知事から勲章と感謝状

一九九八年、顧客の社長がオーストラリア綿花の販売に大きく寄与したとして、オーストラリアの提督から名誉ある「Honor of Australia」を授与された。また、わが社の社長も州知事から感謝状を受け取っている（図5参照）。綿花に関する外国人への勲章や感謝状の授与はこの時が最初だった。

五　アマゾンと日系移民の国ブラジル

ブラジルという国名が出ると、我々は地球上の熱帯雨林の50％を占めるアマゾンのジャングル、そして世界最大の日系人（約二〇〇万人）がいる国というイメージをまず頭に浮かべる。ところで、ブラジルの綿花栽培はアメリカ南部より歴史が古く一六世紀から始まった。その後、一時衰退したが、近年になり中西部のサバンナ地帯（カンポ・セラード Campo Cerrado[10]）で、大規模農業が始まった。そこでは、穀物と同様に綿花が栽培され、品質的にも量的にも優れ、世界が注目するようになった。そのような状況の下、一九九五年以降綿花の買い付けやブラジル国内紡績への販売のために、私は三〇回以上当地を訪問することになった（巻頭カラーページ図6・1と図6・2参照）。

図5　豊島前社長とクインズランド州知事感謝状の授与式

撮影　島崎隆司、1998年

（1）農業大国に変貌したブラジルのセラードと自然環境破壊

「不毛の大地」であったブラジル中西部に広がる熱帯サバンナ「セラード」の開発（セラード農業開発事業）に日本政府は積極的に協力した。この協力は一九七四年田中元総理の資源外交でもあるブラジル訪問を機に始まり、一九七九年から二〇〇一年にかけて続けられた。その結果、ブラジルは現在世界有数の農作物生産国となり、輸出国となった。特に大豆は生産量、輸出量共に世界一位である（本郷：細野　二〇一二）。

ブラジルは一九七〇年代初めまでは農作物の輸入国であり、小麦は100%輸入だった。そのような状況下、ブラジルにとって農地拡大は緊急の課題だった。セラードは強い酸性土壌のため、長い間見捨てられてきた。しかし、それを中和するために石灰を入れて土壌改良をした。また、大型機械による灌漑を施し、土壌に合う品種改良を行った。さらに、いろいろな作物を順次導入し、大豆の生産が大きく伸び、セラード開発の牽引役になった。その後は、トウモロコシ、綿花、コーヒーが栽培されるようになった。これらのセラードにおける農産物の生産はブラジル全体の半分以上を占めるようになった。開発が始まって二五年後には大豆の輸入国であったブラジルは世界最大の輸出国になった。しかしながら、現在も開発という名目で熱帯雨林が大規模に伐採されている。森林火災などの自然破壊が人工衛星を通じて報道されており、環境問題で世界的に非難の的になっている。

(2) ブラジルの綿花とセラードの玄関ロクイアバ市、ならびにピラルクー釣りに挑戦

ブラジルでは一六世紀には既に綿花が栽培されていた。一八世紀後半のアメリカ独立戦争や一九世紀中頃の南北戦争の時期において、アメリカからイギリスへの綿花輸出が滞り、綿花の値段は高騰した。ブラジルはイギリスと地理的に有利な関係から、他の供給国であるインドやエジプトよりも優位にイギリスへ

綿花を輸出することができた。そのため、ブラジルの綿作地は活況をおびた。なお、一九世紀の初めには綿花の輸出はブラジルの総輸出の30％を占めていた。日本の明治維新と同じころの一八六九年にブラジルで初の紡績工場がサンパウロ州で操業を開始した。また、それに伴い、同地域での綿花栽培は新しい品種と栽培方法の改良がなされた。

一九三〇年代において、ブラジルのコーヒー生産が停滞する中、日本人移民による綿花栽培はサンパウロ州南部で増大した。第二次世界大戦後も同地域で綿花栽培が続けられたが、品質的にはアメリカ産と比べ、大きく見劣りしていた。そのため、日本の紡績会社はブラジル綿の買い付けを控えていた。その後、しばらくしてサンパウロ州の綿作は衰退し、ブラジルの綿花栽培は中西部の高原地帯（セラード）に向かった。一九九〇年頃から日本の綿業界は、ブラジル産の綿花の品質が、以前に比べ格段に良くなったとの報告を受けるようになった。日本の綿花商社はこうした状況変化に多大な関心を持ち、何度もセラードを訪れ現地調査を行った。

セラードでの栽培は大規模綿花農場経営として発展を遂げた。生産された綿花は以前南部で栽培されていたものに比べ、品質面で数段に勝り、それらはアメリカ綿やオーストラリア綿に匹敵するものだった。そのため、ここにアジア各国からの買い付けが殺到した。その理由として、品種や土壌を改良し、完全機械化による大規模農業で自動綿摘機（ピッカー）を使用したこと、さらにジン機械のリントクリーナー[11]を設置したことが挙げられる。これによりアメリカやオーストラリアに劣らない生産体制になった。機械化耕作には、平坦で大きな面積があるセラードが最適だった。また、ここは綿花の生育に適した標高五〇〇~八〇〇メートルの高原地帯に位置し、年間降雨量は適度な一五〇〇から一八〇〇ミリである。私を含め多くの綿花会社や紡績会社はこの上質な綿花を産出する畑や農家を訪れ、買い付けを行なった。その途中、彼らはセラードの玄関口であるマット・グロッソ州クイアバ市を何度も訪れた。

クイアバ市はサンパウロから飛行機で約三時間の奥地にあり、そこから他州の農作地へは軽飛行機や自動車で半日以内に行ける。クイアバは中西部（8州）の中心都市であり、世界遺産で有名な大湿原パンタナール[12]は州の南部に位置する。人口は約三〇〇万人だが、その割にはホテル以外に大きな建物はなかった。この町は砂漠の真ん中にあり、風が吹くと砂塵が舞う埃っぽい街だった。私はホテルや近くの農園で接待を何度も受けたが、どこでもカルネ・アサーダ（牛肉の小さめのサイコロ・ステーキ）がメインだった。ちなみに、ブラジルは世界第四位の牛肉生産国であり、第五位の輸出国である。

また、クイアバは世界遺産で有名な最大級の大湿原パンタナールの玄関口でもあり、乾季のシーズン中は、外国人観光客で飛行場はいっぱいだった。私も休日を利用して訪れたことがある。そのとき、開高健の『オーパ！』気分（ポルトガル語で大変驚いた）で巨大魚ピラルクー[13]を釣ろうとボリビア国境の奥地の川まで行った。しかし、三時間ほど釣り糸を垂らしていたところに、二度ほど大きなあたりがあったものの、ピラルクーは釣れず、釣れたのはピラニアばかりだった。

（3）日本の紡績会社の進出

ブラジルは綿花の生産量が世界第四位であり、また消費量が第七位の綿花大国である（USDA 2021）。そのため、古くから多くの綿紡績工場や織布工場などがあり、国内外向けに繊維製品を生産していた。また、日本から最も遠い、地球の反対側のブラジルに戦後まもない一九五五年から一九六〇年代にかけて、日本の紡績工場が八社も進出していたことは驚きであり、今でも六社は稼働している。これは戦後日本の紡績業の海外進出の先駆と言われている。この進出が、東南アジアより早かったことにはさらに驚かされる。その理由として、ブラジルが綿花の大産地であること、二億人以上の労働力と消費人口があること、さらに、日系人が多いからといわれている。そのうえ、広大な国土に豊富な資源があり、将来の経済発展が早急に見込まれるとの思惑があったことから当然の流れである。これらの紡績工場は現地のブラジル社会によく溶け込み、日系の綿花栽培者と交流を重ね、情報を交換した。このことがブラジルの綿花の品質向上にも貢献したと言われている。なお、この中西部では日系人の綿作農家が活躍している。結果、日系人はこの地域の二割の生産を占めるようになった。

(4) 危険が一杯の大都市や観光地

出張中のできごとであるが、早朝にリオのコパカバーナの海岸を歩いていたら、その前方を歩いていた外国人が数人の現地の若者らしきものに襲われ、財布や時計を盗まれた。その外国人は、ナイフを突きつけられ、何もできなかったそうだ。また、私が平日の昼間に、顧客と一緒にサンパウロの交差点で車の窓を開けて止まっていたら、見知らぬ現地人が窓の隙間からナイフをちらつかせ、金を出せと脅された。しかし、車を急発進したため難を逃れた。その顧客によると、車の窓から手をだしたところを、腕まで切りとって時計を盗むことがあると後で聞き、身震いをした。私は、ニカラグアにいた経験があり、ある程度危険は予測できるが、中南米の中でも一番治安が悪いのはブラジルかもしれないと思った。そうしたこともあり、日本企業の社長車はほとんど防弾車になっている。一度、その車に乗ったことがあるが、スピードを出したり停まったりするときの重量感は格別だった。

六　世界綿花協会とリヴァプール

世界綿花協会（ＩＣＡ[14]＝International Cotton Association）の本部所在地はイギリス・リヴァプール市である。その地はビートルズの誕生の地でも有名である。以前、ＩＣＡはリヴァプール綿花協会と呼ばれていた。私は二〇〇九年から二〇一七年まで理事として、そこに籍を置いていた。綿花協会の主な仕事や機能は細則と規則（Bylaws and Rules）の作成・校正、およびそれに伴う仲裁業務である。さらには、綿花の品質裁定、綿花知識の習得、綿花のイベント、ネットワーク・フォーラムなどを行う。ＩＣＡ細則と規則及び仲裁サービスは、綿花の買い付けや販売に関する契約、履行および品質裁定などをカバーしている。これらの細則や規則は現在では、中国、ロシア、アフリカ、アジア諸国を含む世界の多くの国で採用されている。仲裁は契約履行に問題が生じた時に、売り手と買い手の両者の依頼を受けて行なわれる。このＩＣＡ仲裁の結果は一九五八年に定められたニューヨーク条約で承認されており、各国の裁判所で採用されている。

　なお、綿花は相場商品であり、短期間に価格が大きく変動する場合がある。そのため、売り手や買い手は価格面で自分が不利になったとき、往々にして、契約を遵守しない場合もある。また、天然作物である綿花は天候により、品質が大きく変化する。当初の契約と異なり、買い手・売り手のいずれか、または双方から不満が出てくることもある。その際、契約不履行や値引きなどの問題が生じる。そのため、前述のごとく、このような問題を解決するための機関が必要となった。一八四一年、綿花の取引に関する問題を仲裁、解決するために、リヴァプール一帯の綿花ブローカーが集まり、世界で最初にこの協会を設立した。リヴァプール港は、一七世紀末にかけて、アフリカの奴隷を買い付け、新大陸に売りつける奴隷貿易で拡張した。一七〇二年にインドから当地へ最初の綿花が到着した。本格的な輸入は産業革命により各工場が大量の綿花を必要とした一八世紀中頃に始まり、多くの外国産綿花が陸揚げされた。リヴァプールは綿紡績や綿織物が盛んな地域であるマンチェスターの近くに位置する。そのため、地理的にも他港に比べ、多くの綿花が輸入された。また、そこで生産された製品を世界に輸出するハブ港でもあった。一時期は、リヴァプール港には四〜五百万俵の綿花が陸揚げされた。現在でも、一つの港にこのような膨大な量の綿花が陸揚げされた港は、リヴァプール港以外に世界のどこにもない。因みに日本では昭和五〇年代、全国の五つの港で四百万俵陸揚げされた記録が残っている。

　リヴァプール港と工場群のあるマンチェスター間の鉄道は一八三〇年に開通し、産業革命の発展に大きく寄与した。綿花取引が増大するに伴い、それまでの相対(あいたい)取引以外に、取引所を介在する取引方法も求められ、一八七四年にリヴァプール綿花取引所が開設された。輸送や通信システムもこの時期に大きく改善された。しかし、現在では、イギリスの産業構造変化により、紡績業をはじめ綿産業は急速に衰退した。この地を含めイギリス全体の綿花の輸入はほぼ皆無となった。なお、世界綿花協会は、過去の栄光とその権威により、いまでもリヴァプールに存続している。そこでは、綿花の殿堂都市として世界中の多くの綿花関係者が集まり、毎月の役員会や年に一度の総会が開かれる。一方、リヴァプール大学は伝統的に綿花を含めた繊維に関する研究を行ってきたことで世界的に知られている。その成果は世界綿花協会とも共有されており、昔ながらの綿花の伝統が今日も受け継がれている。

(1) 数ケ国語が飛び交う会議

世界綿花協会の理事会は本部のあるリヴァプールで開かれる。通常は月一度の月次会議があり、毎年一度一〇月に開かれる年次総会がある。理事は世界綿花協会が選任した約二〇名である。月次会議は全員出席を義務付けられているが、地理的に出席出来ない場合もあり、オンライン会議システムが採用されている。理事はイギリス、フランス、ドイツ、およびスイスなどのヨーロッパ人やアメリカ人が大半を占め、その他はアジア(特にインド亜大陸、中近東)、アフリカ、中南米の会員から選ばれている。世界綿花協会の会員は世界的な綿花のサプライチェーンのメンバーファーム(会社や法人)と個人から構成されている。たとえば、綿花商とその代理人、綿花農家、紡績、保険、運輸、化学薬品、金融機関などが挙げられる。所属会員や団体は、六〇〇以上に上る。その中から理事が選ばれるが、多くは綿花商である。その理由として、彼らは綿花取引ルールや世界経済に詳しく、さらにサプライチェーンの多くのチャンネルとの関係が深いことが挙げられる。

協会ではルールの改正が頻繁に会議に提出され、その都度、出席者に意見が求められる。ヨーロッパの理事は、法律や規則に詳しく、時として自分の意見に固執する。そのときには、会議の公用語である英語以外に、彼らの母国語であるフランス語やスペイン語が飛び交い、会議が白熱することがあった。私はこのような場面によく出くわしたが、彼らの知識や多くの情報、また英語以外に二〜三ヶ国語が話せる語学力には羨望を覚えた。

図 7.1　国際綿花協会・総会後の大晩餐会
撮影　島崎隆司、2016 年

(2) 総会後の大晩餐会 ――アン王女の挨拶――

毎年一〇月に行われる国際綿花協会の年次総会後には六〇〇人以上が集まる大晩餐会が催される（図7・1参照）。会場は地元の六〇〇年以上の歴史のあるセントジョージ・ホールである。そこでは、「この催しに敬意を払ってください」ということで、全員正装を義務付けられる。もしブラック・タイにタキシードがない場合、外国人であれば出身国の正装が許される。日本人なら紋付き・袴である。例外は許されず、どんな有名人でも正装しなければ入場が拒否される。さすが伝統と格式を重んじるイギリスの綿花協会だと認識した。長らくの間、女性の入場は許されていなかったが、近年はわずかながら、会場に女性が見られるようになった。なお、二〇一六年の年次総会にはエリザベス女王の娘であるアン王女が出席し、開会の挨拶をした（図7・2、図7・3参照）。私は、光栄なことにその総会の前に、彼女と会話と交わし握手をする機会が与えられた。そのとき、歴史が古く伝統ある世界綿花協会に英国王室も敬意を払っていることに驚いた。

図 7.2　アン王女のオープニングスピーチ
撮影　島崎隆司、2016 年

図 7.3　エリザベス女王の娘であるアン王女
撮影　島崎隆司、2016 年

七　日本綿花協会、全米綿花評議会、アメリカ綿花輸出業者協会、アメリカ農務省

世界の綿花生産量二六〇〇万トンのうち、約35％の九二〇万トンが国際取引されている。輸出国は生産国でもあるアメリカ、ブラジル、インドなどが挙げられ、一方、輸入国は最大の購入国であり、消費国である中国をはじめアジア諸国のバングラディシュ、ベトナム、日本などがある。総じて、生産国は綿花生産者を保護し、綿花を購入している国々はそれを糸にする紡績会社（消費国）の利益を守る組織ができている。これらは、後述のアメリカのＮＣＣＡ（National Cotton Council of America・全米綿花評議会）に代表されるように、それぞれの国益や業界を守る機関である。

綿花の輸出や輸入には商取引が伴い、その公正な取引を進めるために、各国には世界綿花協会と同じ機能を持った綿花協会が存在する。それらは、世界綿花協会と情報交換し、連絡をとり、それに準じた取引の細則や規則を作成・校正し、各国における綿花の生産や販売・輸出や輸入を促進する機関である。各国での呼び名は綿花協会、評議会、生産者協会、および輸出協会といったように異なるが、機能は同じである。たとえば、日本ではリヴァプールの国際綿花協会より約六〇年遅れて一八九八年に日本綿花協会(Japan Cotton Association)が大阪で設立された。ここでは、綿花の輸入・国内取引の基本条件の整備、品質に関する紛争の裁定や格付け検査を行っている。契約や品質に関するものは、おもに世界綿花協会のそれに準じる。この協会には、日本の綿花取引に従事している全商社が加入している。アメリカには、一九

二四年設立のアメリカ綿花輸出業者協会（American Cotton Shippers Association）があり、これには全ての綿花取扱業者が加入している。これは世界綿花協会や日本綿花協会と同じ役割を果たしている。裁定や仲裁においては、世界綿花協会よりも時として迅速に行動している。そのほかに、アメリカの農業政策にも大きな影響を与える全米綿花評議会（NCCA）が一九三八年に設立された。このNCCAは全米で綿花に携わるすべての人々が結集される評議会である。これには、農家、機械メーカー、種子の会社、紡績会社、保険や運送会社が属している。

NCCAは五年ごとに改定されるアメリカの農業基本法である農業法案において、補助金の割り当てや支出等に大きく関与している。その下部の輸出促進機関（CCI＝Cotton Council International）は七〇年間にわたって、アメリカ綿とその綿製品を業界と消費者に紹介してきた非営利業界団体である。また、このCCIは、アメリカ綿の消費拡大に、紡績業者、衣料メーカー、小売、繊維団体、政府、米国農務省と協力し、世界で活躍している。このようにアメリカには、官・民が協力して綿花の生産・販売を拡大するための組織（協会・評議会・NGO）ができ上がっており、国家としての綿花栽培の重大さをここから窺うことができる。

なお、業界団体によるものではないが、アメリカ農務省（United States of Department of Agriculture）が一八六三年から発行し始めた綿花生産に関する月例報告書がある。さらに一九〇二年には国勢調査局が綿花生産に関する統計数値を毎年集計することになった。

これは、アメリカおよび世界の綿花生産、消費、貿易、在庫に関するデータ（需給予想）および綿花の世界貿易に影響を与える分析動向が含まれている。これらの情報は、綿花相場に直接関係するものであり、すべての綿花関係者が注目している指標である。しかし確定値ではなく推計値であるため、この発表前には市場関係者の間には多くの憶測が飛び回る。大方の市場予想と発表値が大きく異なる時は、マーケットは乱高下するが数日後には発表値にそった価格となる。市場関係者やマーケットは、アメリカ政府による国内外の詳細な情報をもとにしている政府発表には敬意を払っている。先物商品として取引される綿花は、未来予測が大切である。このように、目まぐるしく変化する綿花の生産や販売・輸出に腐心しながら安定的な市場形成に取り組んできたことからも、アメリカ政府の綿花を含めた農業への国家的重要度が伺える。

八　ヨーロッパ綿花商の歴史的背景

私はイギリスで開催される世界綿花協会の会議に出席するときには、いつもパリに寄り道をして、綿花情報を収集するようにしていた。パリにはフランス、イギリス、イタリア、ドイツ、オランダなどに本社を置く大手綿花商社が一〇社以上存在している。これらの中には、産業革命前に起業した約二五〇年の歴史や伝統を持ち、古くから綿花の買い付けや販売をしている会社があることに驚かされた。

ヨーロッパの会社の多くは、アフリカ綿花を中心にインド、中近東、中央アジア、南北アメリカなど世界中の綿花を扱っている。彼らの取扱量はアメリカ綿を主に扱う米系の綿花商に比べ小規模だが、取り扱う綿種は多品種である。これら綿花商の歴史は産業革命時の、ヨーロッパ各国の紡績会社との取引から始まっている。彼らはアメリカ綿を中心とした比較的大規模な米系の綿花商より歴史と経験があり、商いの方法もヨーロッパ系とアメリカ系では、若干の違いがある。私が、ニカラグアに駐在していた一九七〇年代やそれ以前から、中南米における綿花取引はヨーロッパ系の綿花商が大半を占めていた。その主な理由としてはヨーロッパと中南米は地理的に近く、彼らは数か国語（スペイン語やポルトガル語など）を話すことができ、地域住民もヨーロッパからの移民が多かったことが挙げられる。

ヨーロッパの綿花商の販売先は第二次世界大戦前にはヨーロッパの紡績会社向けが中心だった。しかし、戦後はヨーロッパの紡績業の衰退もあり、日本をはじめ中国やアジア向けに積極的に販売先を変更した。そのために、アジア各地には彼らの販売代理人や事務所が多く存在していた。販売代理人の仕事は販売先の国、地域、会社の市場および信用調査を行うことである。買い付け代理人は買い付け先の情報を得ることを目的としている。また、代理人は商いを安全、正確に進めるために大切な情報機関であり、綿花商はその重要性をよく理解していた。

ところで、ヨーロッパではギリシャやスペインを除いて、綿花がほとんど栽培されておらず、買い付け先の農家もない。一方、販売先の多くは、遠く離れたアジアにある。このような状況で、ヨーロッパの綿花商が今なお世界的な評価を得ながら、ヨーロッパや他の地域に本社機能や事務所を置き続ける理由は主に次の点が挙げられる。

①ヨーロッパは地理的に綿花買い付けに関して、有利性がある。たとえばアフリカ各国へは飛行機で三～八時間、中近東へは二～六時間、中南米や北アメリカへは、七～九時間の所要時間でそれぞれ行くことが

できる。

②活動時間帯が生産国や消費国と比較的に近い時差関係にある。まず、販売先のヨーロッパや買い付け先のアフリカ諸国とはほぼ同じ時間帯である。次に、ヨーロッパとアメリカ東海岸とは五時間、アジアとは五～六時間の時間差である。ヨーロッパの午後は、アジアの朝方、そしてニューヨークの夕方である。すなわち、ヨーロッパにいれば、同じ生活時間でアジアやアメリカと商談できる。もし、本社をアメリカとすれば、同じ生活時間でアジアとヨーロッパとの交渉は困難である。

③経済的には、イギリス、フランス、スイスをはじめとした金融の中心地にあること。綿花の商いには多くの資金を要する。このように、ヨーロッパの綿花商は、地理的、時間的、金融的な有利性を持っている。

他方、日本の綿花商の情報入手は、極東にいるためにアジアや、一部アメリカからに限られている。それゆえ、ヨーロッパの綿花商が持っている情報は、私達にとっては貴重であり、お互いに意見や情報を交換することは重要であり価値がある。世界綿花協会の総会の時期（一〇月）には、アジア・中近東やアフリカ諸国から多くの紡績業者や農家がイギリスのリヴァプールを訪問する。その前後には、彼らはよくパリを訪問する。特にアフリカ諸国にとっては、旧宗主国であるフランスの綿花合弁会社を訪れることは大切な行事でもある。これらの綿花に携わる人々が集まるパリは綿花情報の宝庫であり、私がパリに寄り道した理由もそこにある。なお、ヨーロッパの綿花商は情報網、人脈や資金力が豊富であり、一部の会社は綿花以外に、穀物、ピーナッツ、コーヒー、あるいはカカオも扱っている。彼らの特徴は同族経営で何代も同じ家族が経営を行っていることである。そのため、安心感を得られており、それは彼らにとって大きな商いのメリットになっている。

注

（1）東西冷戦（一九四五年〜一九八九年）第二次世界大戦後まもなく、世界各国が、アメリカを中心とする資本主義国とソ連を中心とする社会主義国に大きく二分され、四〇年以上にわたって生じた対立関係。

（2）「デリンティング工場」とは、種子に付いている短い繊維であるコットンリンターと種子を分別す工場である。コットンリンターからは、溶かしてから再生してキュプラが作られる。種子は、製油所に送られ圧搾して、綿実油、一部は来期用の植え付け等のため、防虫剤を施して保管する。

（3）『ダーティハリー』とは一九七〇年代のハリウッド・アクション映画を代表する作品の一つであり、その後撮影されたアクション映画にも影響を与えた名作である。

（4）タバコ栽培は一七世紀初頭、イギリス領バージニア植民地で始まり、一〇〇年も経たないうちにアメリカ東部州一帯の主要な産物になった。その栽培のため、黒人奴隷の使役が始まった。タバコは価格が不安定で投機性が激しいため、大きく畑を広げるのに躊躇していたところ、イギリスにおける産業革命で綿花が不足していた。その状況を見て、多くの農園主は、たばこから安定的な利益が見込める綿花栽培に転作した。そのため、タバコ農園の黒人奴隷が綿花栽培に携わるようになった。アメリカでは、はじめはタバコプランテーションから始まり、その後綿花プランテーションに向かった。

（5）公民権運動（Civil Right Movement）はアメリカの黒人の基本的人権を要求する運動。一八六三年の奴隷解放宣言で奴隷制度は廃止されたが、南部諸州では長い間黒人差別が強く残った。一〇〇年後の一九六三年に白人と平等な権利を要求する為、ワシントンで大行進を行い、結果一九六四年に公民権法が成立した。この運動の中心的指導者であるキング牧師が一九六八年にテネシー州メンフィスで暗殺された。

（6）IH−5（Interstate Highway 5）州間高速道路5号線は南のメキシコの国境から北のカナダの国境までをアメリカ西海岸の大都市を経由して結ぶ二二二三㎞の高速道路である。

（7）ショートポジションは将来的に値下がりすると判断した投資対象（例：綿花）を売って値下がりした時点で買い戻して決済をする投資方法。決済した時の差額が利益又は損失になる。これは空売りとも呼ばれる。

（8）ピット：市場会員が集まり、売買注文を出し合い、値決めを行う商品先物取引所のトレーディング・フロア（立ち合い所）のこと。イギリスでは「リング」と呼ばれる。

（9）オーストラリアではエルニーニョ現象が発生すると、降水量が平年を下回ることにより小麦や綿花の収量が顕著に低下することが知られており、干ばつをもたらす気候を解明する研究に加えて、早期警戒に向けた研究も行われている。南アメリカのペルー、エクアドル沖で数年に一度、熱帯系の温暖水が流入する海洋の現象。

（10）「カンポ・セラード（伯：Campo Cerrado）は、ブラジル高原に広がるサバンナである。総面積はおよそ二億四〇〇万ヘクタールで日本の5・5倍、ブラジル総面積の24％を占める。」（JICA 2002）。

（11）リントクリーナーは、コットンに残った葉の粒子、草、樹皮などのゴミを取り除くことができ、コットンのグレードと市場価値を向上させることができる。しかし、過度のクリーニングは綿花の価値を下げ、一部の品質要素を低下させる可能性がある。また、リントクリーナーはゴミを取り除くだけでなくコットンを梳（と）かし、なじませて滑らかな外観を作り出す。リントクリーナーの工程はファイバーの品質にも重要な影響を及ぼす。洗浄が不十分だとゴミが多くなり、綿花生産者に価格的な損失をもたらす可能性があるが、過剰な洗浄は短い繊維が多くなるなど、綿花繊維の品質を低下させる可能性がある。

（12）パンタナール自然保護地域：南アメリカ大陸の中央に位置するブラジル、パラグアイ、ボリビアの三ヶ国にまたがる世界最大級の大湿原。二〇〇〇年にユネスコの世界自然遺産に登録された約二〇万㎢の世界最大級の湿原である。

（13）ピラルクー：アロワナ目アロワナ科に属する魚類である。南米のアマゾン川水系に生息する世界最大級の淡水魚の一種とされ、その姿は一億年以上殆ど変わっていないと言われる古代魚である。

（14）世界の綿花の大部分は、ＩＣＡの細則と規則に基づいて国際的に取引されている。ＩＣＡの目的は、安全な取引環境を作り、綿花を取引するすべての人々の正当な利益を守ることである。

第一章　綿花の歴史的背景

ここではまず本書の表題である「綿花」について説明する。衣食住は人間生活の基本であり綿花は衣の代表である。衣は我々の生活にとって興味深い課題である。しかし、本書において、綿花は衣以外に食や住に大きく関わっていることも述べている。われわれ人間は、生活するなかで綿花から多くの恵みを得ている。さらに、綿花は太陽と人間の活動によって毎年のように再生される。しかし、その一方、綿花は人間の尊厳を損なう奴隷問題や産業革命による環境破壊、社会の貧困問題等を引き起こしてきた。これは人間が綿花の扱い方を知らなかったからかもしれない。次に、最近のトレンドワードであるＳＤＧｓに関連したオーガニックコットンについてもこの章で簡単に確認する。

オーガニックコットンは、食物のように体に良いとの検証結果もない。ただし高価なハイブリッド種子や農薬・化学肥料を使用しないためにそのコストをセーブできる。しかし一方で、それらを使用しないことにより、通常の綿花（コンベンショナルコットン）に比べ単位面積当たりの収穫量（イールド）が減少し、最終的にオーガニックコットンがコスト高になることが問題である。この傾向は、機械摘みが主力なアメリカなどの先進国で顕著に表れるが、人件費の安いインドなどの開発途上国では大きな差異はないようだ。

このオーガニックという言葉だけが実態以上に先行している現状については、第七章で詳しく述べる。なお、綿花に関しては、数多くの文献があるが、ここでは、基盤文献や各種資料を引用している。また、綿花の歴史的背景を簡略にまとめ、以下に日常生活の中で見られる「綿花と人間との関わり」に関する輪郭形成を著者らの発想と文献調査の結果で描き述べている。

一　綿花の起源

綿花の栽培と利用の起源についてはかならずしもはっきりしていない。しかし、太古の昔にさかのぼるのはたしかである。文献やＷＥＢの資料によって異なるが、羊毛や麻と同様に、いまから三五〇〇〇年前から八〇〇〇年前にさかのぼると言われている。それらの資料によると、綿花の起源は中南米とインドが挙げられる。綿花はメキシコでは今から八〇〇〇年前、ペルーでは三五〇〇年、インドでは五五〇〇年から七〇〇〇年前にすでに栽培され、使われていたようだ。著者らの研究の結果によると、綿織物の最古の例は紀元前四五〇〇年にさかのぼることが判明した。パキスタンのミールガルにある新石器時代の墓から、考古学者が銅製のビーズの中に保存された綿糸を発見した（Moulherat et al. 2002）。

また、ペルーのカラル遺跡では、紀元前二五〇〇年頃の綿糸を使った網が発見されている。紀元前一五〇〇年頃のインドの聖典（リグ・ヴェーダ）や、紀元前四四五年のヘロドトス（ギリシャ人）の著書にも綿花の記述が見られる。インドは、紀元前から綿産国と知られ、そこから東南アジア、アラビア、アフリカへ綿花の栽培が広がった。一世紀頃、インドの糸や布地を使った製品を西洋に輸出したことにより、最初の綿花経済が誕生した。一方で、アラブ人は征服によって、アフリカでの綿花栽培を発展させた。ヨーロッパにおいては、時を同じくして、アラブ商人によって、綿織物や綿花の栽培方法が南欧のイタリア・スペインに伝えられた。しかし、気候の涼しいヨーロッパでは、育ちにくかったようだ。

とはいえ、原料である綿花は一四世紀に地中海から入り始めイタリアやフランスで綿花の紡績や織機が始まった。当時のヨーロッパの主要な衣料は毛織物であり、綿織物が主要産業になったのは、一八世紀になってからである。中南米、とくにブラジルでは、古くから原住民が綿花を使っており、中央アメリカでは二七〇〇年前に栽培されていた記録が残っている。一五世紀、コロンブスの来航前に既に中南米や西インド諸島では、広く栽培されていた。その後、ヨーロッパ人によって、カリブ海諸島の綿花（海島綿）が西アフリカやスーダンに紹介され、エジプト綿のもとになったと言われている。アメリカでは独立戦争前の一七四〇年頃にパナマで栽培されていた綿の種子が持ち込まれ、バージニア地方で栽培されるようになった。今日、世界中で栽培されているアップランド（陸地）綿は、全体の90%以上を占め、中米地域の野生種をアメリカで品種改良して作り出されたものである。これは繊維の品質が良く、土地順応性も高く栽培しやすい品種である。

中国へは紀元一世紀にインドから綿製品がもたらされた。しかし、綿花の栽培は比較的遅くベトナムを経て伝えられ、一二世紀ころから始まったとされている。その後、時の政府の奨励もあって綿布は中国全土に普及し、それまでの麻布に代わり、大衆的な日常衣料となった。日本へは、後述の通り、八世紀末に崑崙人（こんろんじん）が綿花の種子をもって、三河地方に漂着したが、気候等の理由で、綿花栽培は定着せず、再度一六世紀に中国からもたらされ、九州など西日本を中心に広がった（詳細は第二章「世界と日本の綿花事情」で説明する）。

二　綿花について

綿花は農産物である。現在栽培されている綿花は交配を重ね、収穫を増やし、摘み取りやすいように改良されている。交配・改良（持続可能 Sustainable Development）を続けないと、数年後には収穫量が大幅に減少し、品質も劣化する。

綿花も米も温暖な気候と豊富な水、および多くの太陽光が必須である。米は種まきから収穫まで四～五ヶ月、綿花は五～六ヶ月、すなわち綿の方が一～二ヶ月余分にかかる。それは、綿花は米よりも少しばかり多くの太陽光が必要だということである。従って、太陽光を多く受けるために、北半球では綿畑は、水田の南側に位置し、反対に南半球では北側にある。

綿花はほとんど捨てるところがない。綿花の殻にはセルロースが多く含まれ、牛などのエサに、繊維は衣料・資材、種はてんぷらなどに使われる綿実油に、種にうすく残った繊維はコットンリンターと言ってダイナマイトの原料、メガネなどのプラスチックの増強剤、口紅などの化粧品、さらにキュプラといった合成繊維の原料となる。また、綿実油の搾りかすや収穫した後の綿花の茎は、燃料に使われる。綿花は油成分を含んでいるため、可燃性が強く、燃えやすい性質を有している。いったん火がついたら内部でくすぶり、中々鎮火できない、大変厄介な性質である。

一秒で火が二〇〜三〇メートル走ることがある。しかし、我々が着たり使ったりしている綿製品は、加工してあり、安全である。なお、摘み取った綿（実綿）には綿の繊維以外に枯れ葉、茎の切れ端などのゴミがいっしょになっている。それを繊維と種子とその他の夾雑物（ゴミ）に分離し、繊維を揃える工程を、ジンニング（綿繰り）と言う。実綿の機械摘みや手摘みの方法によって若干異なるが、歩留まりは通常、実綿一〇〇に対し種子が五〇、繊維（綿）が四〇、ゴミが一〇に分かれる。そこで、取り出された繊維を「繰り綿（Ginned Cotton）・リント（Lint）」、種子を「綿実・綿種子（Cotton Seed）」と言う。この実綿は、既述のごとく畑に生えているままの状態で、じつめん・みわた、また、英語では、「Cotton Boll」と呼ばれる。この他発音のよく似た「Cotton Ball」という単語はあるが、これは医療や化粧用に使用する丸い綿を指す。さらに、綿花は、非食料用作物としては、世界最大の生産量になっている。

さて、よい綿花とは、細く、長く、強度があり、成熟していて伸長度があり均一性があるものである。良い綿花からは、細くて強力な糸ができ、色々な機能を持った布ができる。また、綿花の特性は吸水性が高く、機能性があり、染色しやすく、肌触りが良い点である。タオル、シャツ、ベッドカバーには最適である。世界一〇〇ヶ国以上で栽培され、二〇二〇年には約二六〇〇万トンの生産量があり、Tシャツにして一八〇〇億枚、ジーンズなら五三〇億本に相当する（打ち込み重量により異なる）。さらに、穀物や原油と同様に重要な戦略物資である。アメリカ・中国・ロシアなどの大国は、今でも自国民の衣・食・住に大きく影響を与えるものは、収穫量が減少すれば自国の都合でいつでも輸出禁止[1]にする。

ところで、ベトナム戦争で開発された枯葉剤がある。ジャングルを消し去り、ゲリラが隠れる場所がないようにしたのである。しかし、これが環境破壊の一大要因であり、オーガニックコットンが注目されるのもアメリカが大量の枯葉剤を発明・使用したからである。この枯葉剤は環境被害のみならず人体にも甚大な被害をもたらした。これには、高濃度のダイオキシンが含まれており、それを吸った人々が妊娠すると胎児に影響が出ており、ベトナム人のみならず、アメリカのベトナム帰還兵にも重大な被害を与えた。

三　オーガニックコットンについて

ここではオーガニックコットンの概略を説明するが、詳細は第七章で述べる。最近、メディアなどでトレンドワードとなっているＳＤＧｓ（Sustainable Development Goals）やサステナビリティ（持続可能性）について、家庭やオフィスなどで賑やかに語られている。その中で、オーガニックコットンも有機食材と同様に認知度が高く話題になっている。そして「ソフト、ヘルシー、サステナブル」という前向きなイメージがあるが、それに対する消費者の詳細な理解はあまり進んでいない。また、よく誤解されることだが、オーガニックコットンで作られた繊維製品は「体に良い」とか「肌に優しい」ということとは無関係である。普通の綿花と比較検査されるが、そのような違いを示す結果は見当たらない。この点「食材」とは異なっている。この誤解は、一部の販売会社などの原材料に関する理解不足の側面が多々ある。ところで、綿花は栽培方法によって次の二種類に大別される。先ずは約70％を占める従来の農法で栽培・生産される普通の綿花（conventional cotton）であり、そして残りの30％は主に環境面や社会面を考慮して栽培される持続可能な綿花（サステナブルコットン・sustainable cotton）である。その中で、サステナブルコットンの一員であるオーガニックコットンはその約３％、すなわち全綿花生産量の約１％未満を占めるに過ぎない（Textile Exchange 2021）。このように認知度が高いにもかかわらず、オーガニックコットンの生産規模が大変小さいことはあまり知られていない（図８・１と図８・２参照）。

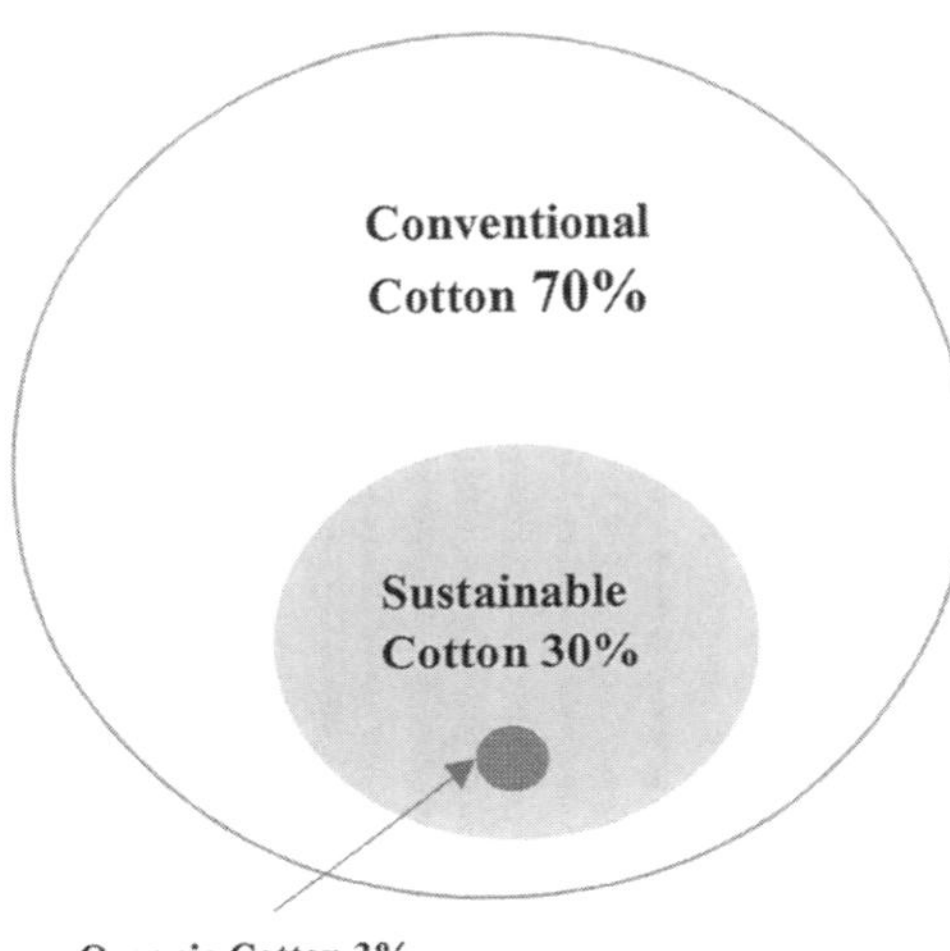

図 8.1　綿花の栽培方法による相違

図 8.2　普通の綿花（Conventional Cotton）
撮影　綿花栽培農家、2015 年

生産高だけを見てみると希少性の高い原料である。オーガニックコットンの生産は二〇一〇年頃を境に減少傾向であったが近年では微増となっている。世界がこのオーガニックコットンを奨励する目的は、できる限り自然と共生し、われわれの子孫に、健康と安全で豊かな自然を残そうとすることである。それは、一九六〇年代のアメリカの綿花農法に対する反省でもあった。アメリカでは、綿花栽培のため、温暖で広大な土地に、ふんだんに水を供給する目的で、多くの灌漑用水を引き、最新の農業機械を使用した。また、農家の生産効率を上げるために、アメリカの化学会社は農薬や化学肥料の開発に努め、出来上がった化学物質を農家は大量に農地に散布した。さらに、バイオテクノロジーの力で、収量を増やし、病原菌に強い種子を開発した。結果、アメリカの綿花生産量や効率は飛躍的に向上した。しかし、このために土壌は疲弊し、地下水は枯渇した。さらに、飛行機などによる農薬や殺虫剤の散布は、地域住民の健康を害するなどの多くの問題を引き起こしてきた。

最悪の例は、生産性が落ち、疲弊しきった土地に大量の化学肥料を撒き増収を狙ったことだ。そのため、土地はますます劣化し、周辺の農業用水が汚染されたのは明らかだった。このような問題は、他の農作物にもみられた。今日では、オーガニックという言葉が浸透して長いが、その中でもオーガニックコットンの歴史は古く、一九八〇年代に環境保全を目的とした取り組みがアメリカで誕生した。一九九〇年には、アメリカで、有機食品生産法が制定され、種々の規則ができた。たとえば、オーガニックコットンの栽培に関する取り決めについて、当初は化学肥料や農薬の使用制限が重要な課題とされた。そして遺伝子組み換え種子（ＧＭＯ）の不使用や第三者機関による審査・認証が加わった（詳しくは第七章七節参照）。

結局のところ、コンベンショナルコットンとオーガニックコットンを比較すると、以下のことが理解できる。

サステナビリティが注目される中、コットンの種類や「オーガニックコットン」の意味など、消費者の間ではさまざまな意見が交わされている。一般に、消費者はすべてのコットンを多く含むアパレル製品に対して高い評価を持っている。小売店で販売されているコットン製品の大半はコンベンショナルコットンが使われ、オーガニックコットンはごく僅かである。このような状況において、オーガニックコットンの市場ニーズを満たすために、自然で持続可能な繊維を探す場合、多くの小売業者は従来型のコットンと比較する。特に、持続可能性に関する議論やマーケティング資料において、オーガニックコットンと従来型コットンの区別がしばしば誤解または誤認されていることに気づけば、そのような思い違いはなくなる(Salfino 2018 筆者らの訳)。

さて、次節で述べる黒人奴隷制度とイギリスの産業革命は本書のメインタイトルである「綿花と人間の関わり」において、否定できない真実であり、避けて通れない近代人類史の一側面だと我々は考えている。これらより、他章で述べられている強制労働・児童労働（第三章参照）・環境破壊問題（第六章参照）などとの関係がうかがわれる。

四　綿花産業と奴隷制度

綿花産業は大きく綿花栽培という農業と綿糸や綿布の生産という工業に分けられる。奴隷制は一七〜一八世紀の綿花栽培と切り離せないものだった。さらに、それは一八世紀のイギリスの産業革命の発展になくてはならぬものであり、実際、大きく寄与した。それらすべてに、大航海時代から始まるヨーロッパの植民地政策が絡み合っている。このように綿花産業の発展や成長には、奴隷制、産業革命、および植民地主義が緊密なつながりを持っていた。また、その動きはヨーロッパ、アフリカ、アメリカ大陸、インド亜大陸にまたがるグローバル化だった。アフリカの黒人奴隷は一五世紀末には、中南米で農業労働に使役させられていた。彼らは北アメリカでは一七世紀初頭にイギリス領ヴァージニア植民地でタバコの栽培に携わり、その後は綿花の栽培や収穫に使われた（詳しくは第四章三節参照）。

一八世紀初めには奴隷制による綿花のプランテーションが確立され、一七七五年のアメリカ独立の経済的基盤となった。時を同じくしたイギリスの産業革命により綿糸が大量に生産され、その原料である綿花の需要は増加した。そのためにアメリカ南部の綿花プランテーションの増産が必要となった結果、多くの黒人奴隷がアメリカに連れて来られた。黒人奴隷の数は一八〇〇年には九〇万人、一八三〇年には四〇〇万人を超えたと言われている（一部の文献では六〇〇万人を超えていたとの記述もある）。アメリカは、一七九〇年から一八〇五年にかけて、世界の綿花の70％近くを生産し、一八六〇年には、世界の80％（八五万トン）を生産した。

その後、南北戦争を機に、アメリカの輸出は一旦停止した。その結果、ヨーロッパは深刻な綿花危機に見舞われ、一八六二年九月には二五万人近くの英国人労働者が工場閉鎖などにより失業したと言われている。イギリスは南北戦争による綿花の供給量減少の代替国を模索した。その結果、インドやエジプトが、アメリカに代わって欧米に綿花を大量に供給することになった。これが後になって、両国ともイギリスの支配下になった要因でもある。アメリカの奴隷制度は一八六三年の奴隷解放宣言で廃止された。しかし、一九六四年の公民法の成立を経ても、奴隷問題は解決されておらず、アメリカ固有の社会問題として続いている。この面で、奴隷制の根幹である綿花は、アメリカ社会において「罪作りな植物 sinful plant」であるとも言われる。

五　綿花とイギリス産業革命・インドの植民地化

イギリスでは一八世紀後半の綿紡績機械の改良によって、綿糸が大量に生産されるとその原料の綿花需要は一気に増加した。これによりイギリスの綿工業が成立し、インドから綿製品ではなく、逆に原料の綿花を輸入するようになった。さらに、西インド諸島やアメリカでも綿花栽培が急速に広がった。アメリカでは一八世紀末にホイットニーが綿繰り機を発明すると、南部の綿花プランテーションでの黒人奴隷による綿花の生産が増大した。一方、インドでは綿布が長く家内工業で生産されており、東インド会社を通じて、イギリスに輸出されていた。品質は優れており、イギリス国内ではブームになったほど人気があった。しかし、産業革命でイギリスが安価な綿布を大量に生産できるようになり、逆に、それをインドに輸出するようになった（ベッカート　二〇二二）。そのため、インドでは綿織物家内工業は崩壊し、綿花の生産と輸出に特化させられた。また、貧困化が進み一八七七年にインド帝国としてイギリスの植民地になった。綿花は茶、アヘンなどと共に主要な商品作物として栽培された。

六　世界の綿花生産量・消費量

過去を振り返ると、一九二四年の世界の綿花生産量は六〇〇万トンだった。主な生産国はアメリカが約60%を占め、その次はインド、中国、エジプトと続き、この四ヶ国で世界の90%を占めていた（図9参照）。しかし、第二次世界大戦後、綿産国は多様化した。西アフリカを中心に、アフリカは生産を大きく伸ばし、一九八〇年頃には世界第二位の輸出地域となった。さらに、インド、中国、パキスタンを中心としたアジアの生産も大きく伸びた。約一世紀の間に生産高は四倍強になった。

現在では、世界で約二六〇〇万トンの綿花が生産され、主な生産国は広大な土地と水と太陽光の豊富なインド、中国、アメリカ、ブラジル、パキスタン、トルコ、およびアフリカ諸国である。上位五ヶ国で世界の約80%を占めている。オーストラリアは、エルニーニョ現象による雨量次第で収穫量は、大きく変わる可能性がある。一方、消費国は労働力の豊富で安価な中国、インド、パキスタン、トルコ、バングラ

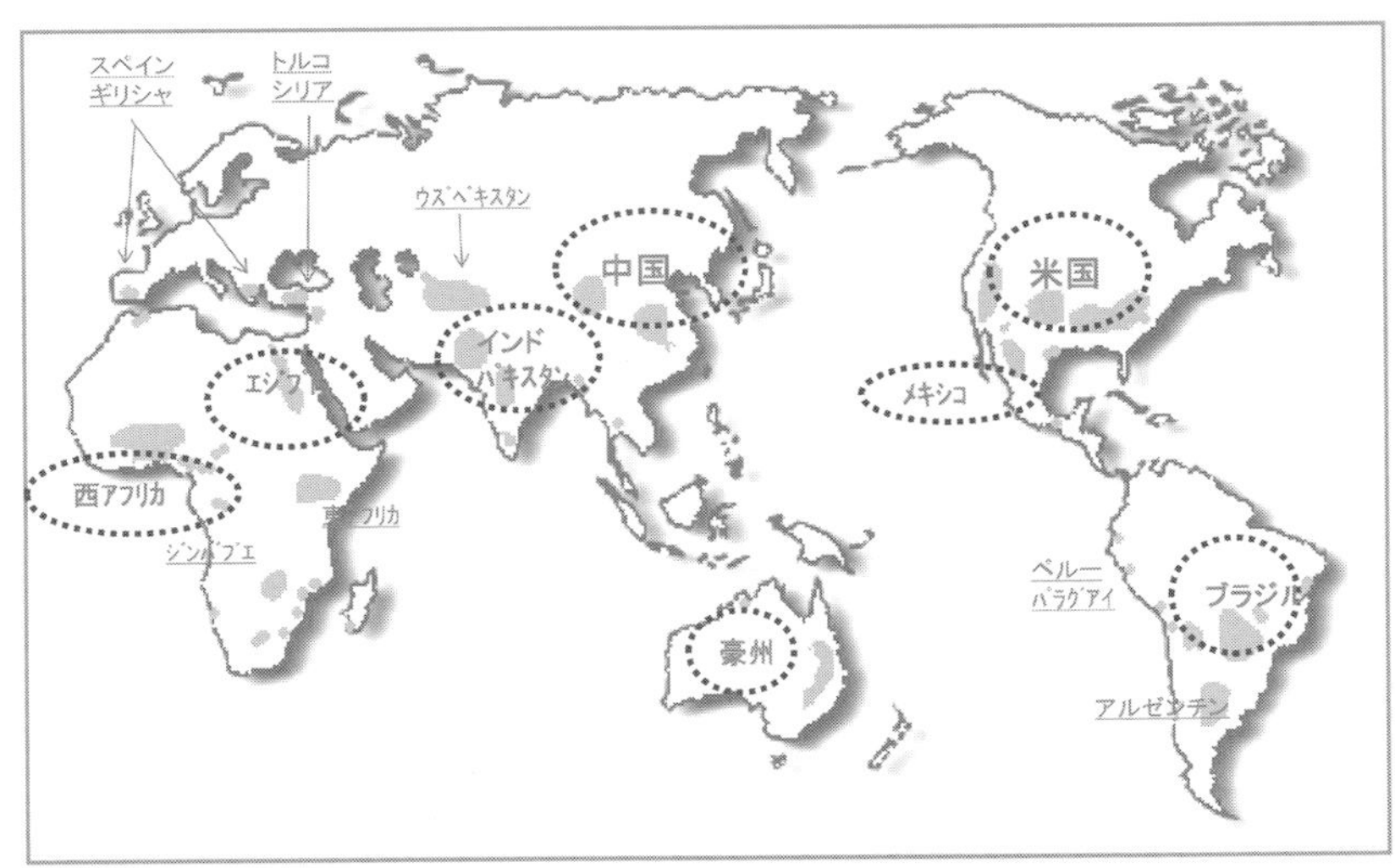

図９　世界の主な綿花産地（日本綿花協会）

表１　世界の綿花生産国と消費国（ICAC 2020 年）
主な生産国（広大な土地、太陽光）と消費国（安価な労働力）

生産国	生産量（千トン）	消費国	消費量（千トン）
インド	6200	中国	7230
中国	5800	インド	4450
アメリカ	4340	パキスタン	1980
ブラジル	3000	トルコ	1470
パキスタン	1320	ベトナム	1450
トルコ	810	バングラディシュ	1500
全アフリカ	1920	ブラジル	570
その他	-	その他	-
計	26130	計	22690

ディシュ、ベトナムである。上位五ヶ国で約75％を占めている（表1参照）。綿花の輸出国約三〇ヶ国の内、上位五ヶ国（アメリカ、ブラジル、インド、ギリシャ、ベナン）が73％を占めている。綿花の生産、消費、紡績の歴史はとても興味深く、後述のごとく、国際マーケティングを通じたグローバル化の進展や、産業革命にも貢献している。しかし、産業革命には、奴隷制や児童労働が行われていたという暗部もあり、世界各国で深刻な社会的危機の発端となったが、その点は現在も変わっていない。

尚、「世界全体で、綿花栽培と綿製品製造に携わる人数の概算は、綿花栽培に一億一〇〇〇万世帯、綿花の輸送、綿繰り、保管に九〇〇〇万人、そのほかに六〇〇〇万人が紡績機と織機の運転と縫製に従事し、綿業の全部門を合わせると三億五〇〇〇万人に上るとみられる。その数は世界人口の4％～5％に相当し、一つの産業でこれだけの人数に達したものはかつてない」（ベッカート　二〇二二）。

七　アフリカにおける綿畑の手摘み風景

アフリカをはじめ多くの開発途上国では、現在も人の手による綿花の植え付けや摘み取りが行われている。綿花の手摘み仕事は、過酷である。摘み取り時には、殻の中の繊維だけ摘み取りたいが、どうしても殻に手が触れ、それには鋭いとげがあり、すぐに手が血だらけになる。よほどの熟練者であっても同様である。さらに、灼熱の太陽の下で長時間にわたって摘み取りを行わなければならない。これは、賃金が安く、暑い中を長時間、血だらけで働く、誰もが嫌がる仕事である。その仕事のために、多くの黒人奴隷がアメリカに連れて来られた、というのが歴史の事実である（巻頭カラーページ図10・1、図10・2、図10・3参照）。

八　アメリカとオーストラリアにおける機械摘み機と自動綿繰り機

綿の摘み取りは、機械摘みのアメリカ、ブラジル、オーストラリア、中国の新疆ウイグル自治区を除いては、まだ手摘みである（巻頭カラーページ図11・1参照）。この綿摘みのための女性や子供の労働（チャイルド・レーバー）が世界で大きな問題となっている。アメリカで一〇〇年程前に開発された高速摘み取り機（コットンピッカー）は七～八メートルの高さがあり、一台で人の三〇〇～五〇〇人分以上の能力を持っている。この摘み取った実綿を一時期貯蔵するには大きな倉庫が必要になるため、最近では圧縮して畑に保管している（巻頭カラーページ図11・2参照）。

実綿は、フワフワで嵩（かさ）が大きく、保管するために多くの倉庫が必要だった。しかし、圧縮機(2)の登場で刈り取りを早く進めることが可能になり、また雨による実綿の品質低下を防ぐことができるようになった。綿繰り機は実綿から種やごみを取り除き、繊維をそろえて圧縮して梱包する（巻頭カラーページ図11・3参照）。そこから切り取ったサンプルを検品した後、品質に応じて、世界の紡績工場に運ばれる。なお、中国の一部ではわざと実綿の機械摘みをしない地域がある。それは多くの人々に仕事を与えるための国家的な戦略がはたらいている。

九　生活環境から見た「綿花と人間との関わり」

生活環境からみた「綿花と人間との関係」を取り上げると、さまざまな結びつきが見えてくる。しかし、ここでは、本書の目的に沿って、著者らは個人的な経験や研究、および文献調査の結果から「綿花と人間」に関する側面を表した言葉、説明、表現、思い、物語などを思い付くまま、箇条書きにして羅列してある。読者にとってこれらが、本書の理解の一助となれば幸いである。

(1) 綿花について

1. 綿は、雲のように白くてフワフワ。
2. 綿の花は、白、クリーム、ピンク色。
3. 摘み取ったばかりの実綿は、少しの湿気がありパンの焼きたてのような甘い香りがある。しばらく(一週間ほど)倉庫に保管すると、発酵して甘酸っぱい匂いがする。綿花は、農場、倉庫、綿繰り工場、紡績工場などの色々な段階で匂いが異なる。
4. 綿の織物製品は、タオルやロープなどのタオル地、ジーンズのデニム、靴下、下着、Tシャツ、ベッドのシーツなどがある。また、敏感な肌を刺激することもなく、アレルギーを引き起こすことがない。静電気が発生しにくい。

5. 衣類以外は、漁網、コーヒーのフィルター、テント、不織布、火薬―ダイナマイト、ゴム、プラスチックなどに使われている。
6. 綿花の種は綿実油の原料（天ぷら油）で香りがよくてさっぱりした味。
7. アメリカの奴隷時代には、綿花の根の皮は堕胎薬として使われた。
8. 医療や化粧品に使う脱脂綿も綿花からできている。
9. 商品（コモディティ）として扱われ、商品取引所の先物市場で取引される。価格の変化が大きく、価格変動リスクがある。
10. 大規模農家としてはアメリカ、オーストラリアが、小規模農家としてはインド、アフリカが挙げられる。
11. 明治維新や第二次世界大戦後の日本の経済復興に大きく貢献した。
12. 昭和初期に日本は、綿織物の輸出が世界一になった。
13. 世界最初のサプライ・チェーンであり、グローバリゼーションを経験した。①畑で綿花栽培・収穫、②工場で糸、布を作り、染色、縫製―長い工程、③労賃の安い国を探している。
14. 繊維の特性の重要度：長さ、強さ、細さ、成熟度、そしてそれらの均一性。
15. 綿花は野生では多年生植物だったが管理を通して一年生植物として取り扱われている。
16. 種子はゴシポールに代表されるフェノール類関連の構成物が含まれており、ヤギなどの反芻動物以外の飼料としては直接的な使用は限られる。

17．乾燥に強い。他の作物栽培に適していない乾燥地帯でも栽培されている。
18．塩分に耐性があり、汚れた黒い水でも生産性を維持できる。海水を20％含む水でも栽培できる。
19．綿＝木綿＝コットン（cotton）は同じ意味である。しかし、真綿は蚕の繭、すなわち動物繊維である。
20．江戸時代には綿花栽培に使われた肥料のイワシ（干鰯―ホシカ）、ニシン（鰊粕）の漁獲が盛んな海浜地帯で栽培されていた。
21．東北コットンプロジェクトは東北の津波による塩害耕作地での民間による農業復興事業であり、アパレル企業などが発起人となった企業複合体でもある。
22．毎年一〇月七日は国連で承認された世界綿花デー（World Cotton Day）である。
23．綿花の農家は一億人、そして綿花のバリューチェーンは、三億五千万人の仕事を生んでいる。
24．サステナブルコットンの代表例はオーガニックコットンである。しかし、最近オーガニックコットンは時代遅れ、認証機関のための仕組みと言われている。
25．棉―植物の状態　綿―繊維だけの状態
（種だけ）綿実、綿種子（cotton Seed）
（繊維だけ）繰り綿（ginned cotton）リント（lint）リンター（linter）
（紡績工程の最初の綿花）原綿
26．綿花は非食用農作物としては世界最大の生産量を誇る。
27．綿花は衣・食・住に深く関わっている。衣類、綿実油、構造物の材料や壁紙。衣類は人間だけが必要

としている。動物は自分で毛皮を持っている。
28. 綿花は昆虫の大好物である。(昆虫による被害が大問題)。

(2) 綿花とローカル・コミュニティとの関り

1. 綿花の摘み取りはアフリカからの黒人奴隷頼みであった。
2. 植民地政策から見ると、綿花は大西洋三角貿易の重要品目の一つである。
3. 産業革命によりイギリス・ランカーシャ地域が紡績や織布工場の中心になった。
4. 綿の糸車はインドのガンジーによる独立運動のシンボルでもある。
5. 綿花には児童労働や強制労働が付きまとう。
6. 開発途上国ではフェアトレードで商いされる。
7. 綿花栽培は労働集約型である。植え付け、草刈り、そして一番過酷な労働は摘み取りである。
8. 綿花は世界が必要としている戦略物資の一つである。(時代と背景による)
9. 黒人奴隷問題に関わっている。とくに『アンクルトムの小屋』を参照。(3)
10. 綿花はアメリカの南北戦争と奴隷解放宣言と深い関係がある。
11. アメリカ合衆国南部の経済基盤(="King Cotton")である。(4)
12. 奴隷制度や産業革命にも大きな役割をはたした罪作りな植物である。綿花をたくさん育てる為に奴隷制度が確立、収穫した綿花から糸を紡ぎ、布を作るために工業化が発展したが、強制労働や児童労働問題が残った。

13．多くは、新大陸の綿花プランテーション（大農園）で栽培されている。

14．開発途上国では綿花栽培は家内労働である。

15．遠い昔は木綿の服を着るイスラム教徒と羊毛を身にまとうキリスト教徒がいた。

16．ブラジル農業（豊潤な土壌）は際立った生産性があり、またアフリカ農業（豊富な労働力）は記録的な低コスト性を持つ。

17．綿花の値段決定の圧力は、アパレルメーカーや小売店という下流から来ている。彼らはあらゆる価格を比較し、流通の各段階まで厳しくさかのぼる。競争という冷徹な原則を強いる。生産者の価格決定権は小さい。

(3) 客観的にみた綿花

1．亜熱帯・熱帯の温かい地域で栽培されている。

2．主に開発途上国で生産されており、先進国ではアメリカ、オーストラリアなどに限られている。

3．水を大量に使う。

4．農薬や殺虫剤（化学物質）が多く使用されている。そのアンチテーゼや反省対象としてオーガニックコットン（有機栽培）が生まれた。

5．殺虫剤と銀行の融資なしには綿花はない。融資なしに殺虫剤は買えない。

6．農薬などによる自然環境被害が多い。
7．不安定な価格という問題がある。
ニューヨーク商品取引所（New York Board of Trade）では先物取引がされている。

イギリスのリヴァプールでは品質及び生産地ごとの指数と相場の平均価格を示している。
8．土壌の劣化が問題である。
9．遺伝子組み換えとハイブリッド種がある。
遺伝子組み換えのメリットは収穫量が増える。デメリットとして、種子は「一世代限り」で毎年買う必要がありコスト高である。さらに健康被害、生態系を壊す可能性がある。
10．綿花栽培や取引にはアメリカ、イギリス、そしてフランスの影響力が強い。
11．アメリカやヨーロッパの農家に対する補助金が多い。その中心地はワシントンとブリュッセルである。
12．コットンは栽培する過程でカーボンを発生する量よりも多くの温室効果ガスを吸収し、それを幹や根に蓄える。
13．マイクロプラスチックによる海洋への影響は増大している一方で、コットンのマイクロファイバーは環境にやさしい。（生分解性）
14．綿花という農業の話には必ず国家の影響が見られる。
15．綿を含めた衣料を安価で提供するファストファッションが急速に拡大しており、消費者が大量に購入した衣服を短期間で大量破棄するなどの問題がある。

（4）利点

1．肌触りが良く吸水性や吸湿性が高い。また通気性が良く染色性や発色性に優れている。値段が安く、丈夫で軽くて保温性があり加工しやすい。

2．サステナブルで環境に優しい。

3．DNA解析でコットンの産地が解明できるようになった。

4．繊維として使用されるが、経済的に重要な数多くの副産物がある。例えば綿種子、コットン・リンター、綿実油、綿実粉（粕）などがある。

5．他の天然素材に比べ比較的安価である。

（5）欠点

1．しわになりやすく、縮みやすい。毛羽が立ちやすい。

（6）近代社会と綿花との関わり

1．大航海時代により植民地が世界各国にでき、綿花と黒人奴隷の地球規模的動きが始まった。

2．インドはイギリスの植民地政策で綿花栽培に特化され、貧困化が進んだ。

3．先進諸国による開発途上国の資源（綿花）などを搾取する新植民地主義が、展開されている。

4．イギリスの産業革命は綿織物工業から始まった。

（7）人類の負の部分

1．アフリカ黒人奴隷制度は、アメリカの綿花生産には欠かすことができなかった。それが、市民戦争まで引き起こし、いまだ黒人問題が解決されず人種差別が続いている。

2．植え付け時には大量の水を使い、農薬の使用量は世界の20％以上を占め自然環境のみならず、健康被害をもたらしている。

注

（1）輸出禁止（エキスポート・バン・Export ban）は、競争に対する重大な制限とみなされ、価格操作や市場共有などの行為とともに、悪影響を証明する必要なく禁止されること。

（2）収穫された実綿を長方形または円筒形のモジュールと呼ばれる形に圧縮する機械。

（3）「奴隷制をめぐって、アメリカを真っ二つに分けた南北戦争は、リンカーン大統領の奴隷解放宣言をもって一八六五年に終結したが、一八五一年に発表されたストウ夫人の小説「アンクル・トムの小屋」は、そのきっかけになったとさえ言われている。しかし、作者のストウ夫人については、その名前ほど知られていないようである（作品紹介――劇団芸術座、二〇二二）。

（4）「King Cotton」とは、アメリカ南北戦争（一八六一～一八六五年）前に南部諸州（後のアメリカ連合国）の分離主義者が、分離独立の可能性を主張し、北部諸州との戦争を恐れる必要がないことを証明するために用いた戦略をまとめたスローガンである。

第二章　世界と日本の綿花事情

第二章は、主に本書のサブタイトルである歴史面からみた近代世界や日本の綿花事情を幾多の事例や事象を交えながら取り上げる。まず、世界事情におけるイギリスの植民地政策と産業革命について述べ、次に、アメリカの綿業界や綿花を取り扱うのに重要な商品取引所について説明する。日本事情では、特に綿花の二度（平安時代と室町時代）に及んで渡来した状況、また明治維新や第二次世界大戦後の復興に紡績業界や繊維商社がどのように貢献したかを述べる。最後に世界に先んじて、日本で設立された先物取引所や綿花を商いするに切り離せない相場について記す。

一　近代世界の綿花事情

近代における綿花の増産は、主に紡織（ぼうしょく）業などの綿工業の発達・発展に依る。それを可能にさせた綿繰り機の発明と黒人奴隷を忘れてはならない。それらにはイギリスの植民地政策、またそれに少し遅れて興った産業革命、時を同じくしたアメリカの独立（一七七六年七月四日）、およびその後の南北戦争（一八六一年〜一八六五年）や奴隷解放が大きく関係している。当時のイギリスは支配力を強めていたインドからただ同然の値段で綿花を仕入れていた。また、それを基に産業革命で発明された紡織機により、綿織物を大量、さらに安価に生産し、その製品を高値でインドや中国などに輸出した。インドは、イギリスの強権的な政策により、綿花生産のみに特化せざるを得なく、経済的に疲弊し、ほぼ完全にイギリスの植民地になって行った。

イギリスの富の多くは、インドで栽培されイギリスで生産された綿製品の輸出と中国へのアヘンの販売が大きく寄与している。このため、第二次世界大戦後のインド独立の指導者であったガンジーが糸車で糸を紡いでいる姿が、代表的なイギリスへの抵抗姿勢となった。また、前記のように、アメリカは独立戦争前から黒人奴隷を搾取して、イギリス向けに綿花を栽培・輸出していた。南北戦争後は、産業革命・技術革新の時期を迎え、綿製品もヨーロッパへ輸出して経済的に大きく発展した。さらに、黒人奴隷の解放で、その労働力の一部は北部の工業地帯に移り、南部の大規模な綿花農園を維持するために、農場の機械化が進み、灌漑設備、自動摘み取り機、自動プレス機などの発明がなされた。今では、世界で使われている耕作、植え付け、刈り取り、綿繰りなどの綿花栽培・生産に関する機械は、ほとんどはアメリカ製である。このように機械化や自動化が進み、綿花の生産量は飛躍的に伸びた。ただ、残念なのは、綿花の摘み取りのためにアフリカから黒人奴隷を連れてきたことが、アメリカでの人種問題の根源となっていることである（詳しくは第三章を参照）。これがアメリカに黒人が多い理由の一つだとされている。ただし、その数は中南米のそれに比べ少なく、当初は五〇万人位と言われている。綿花の摘み取りは大変過酷で当初は下級層の白人が担っていたが、後には余りの厳しさに全員その仕事を放棄することになった。それに代わって黒人奴隷にその過酷な仕事をさせた。この仕事は「猿に摘み取りをさせようとしたが、猿さえギブ・アップした」と言われているほど厳しいものだった。

さて、近年、世界の綿産国は新たに南米、アフリカ、オーストラリアが加わった。消費国（紡績）は、第二次世界大戦後、安い労働力を求めて、日本、韓国などのアジアの北方からタイやインドネシアなどの南方へ、さらに東から西へ移動して、ベトナム、バングラディシュなどが加わり、今ではアフリカでも紡績業が始まっている。一方、第二次世界大戦後、化学繊維が大量に安く生産されるようになり、また機能性のある衣料を作れるということで、綿花の繊維に占める割合は近年大幅に下がった。しかし、世界の人口増もあり綿花の供給量・消費量は、堅調に増えている。このように綿花の側面から見ると、①綿花を多く生産するために奴隷制度が確立され、②その奴隷制度は収穫された綿花から大量に糸を紡ぎ、布を織るという工業化に大きく貢献した。綿花はこのように産業革命になくてはならない農作物であり、われわれの生活に大きな利点をもたらした。しかし、前述の如く、綿花は奴隷制度を確立させ、後に大きな禍根を残した大変罪深い植物でもあった。

（1）世界を一体化させた綿花ビジネス

産業革命は綿工業の大型機械化から始まった。それにより人類は「衣」を簡単に手に入れることができるようになった。しかし、その一方で、現代社会が抱かえる経済格差、人権問題、環境問題、紛争などの諸問題が発生した。過去二〇〇年以上にわたり、産業革命により世界を一体化させた綿花の使用は大きく伸びた。一八世紀半ばの産業革命はイギリスの綿工業によって始まり、生産された綿製品が世界を席巻して、史上初のグローバル商品になった。綿花こそ世界を結び付けた最初の商品だった。綿花は熱帯から亜熱帯にかけて生育する植物なので、比較的寒冷なヨーロッパでは栽培が難しかった。当時のヨーロッパでの衣服の主な素材は麻やウールだった。産業革命が進むにつれ、綿製品が大量に生産されたイギリスの国内市場は飽和状態となった。その余剰分の仕向け地として、他のヨーロッパ諸国さらにアジアや新大陸にマーケットを広げた。イギリスは、産業革命以前にはインドから輸入していた綿織物を、産業革命により、逆にインドに輸出するようになった。イギリスは、強権的にインド綿花の仕入を独占し、さらにインド国内における綿製品の製造を禁止した。こうしてインドは綿製品輸出による収入は途絶え、国内産業は疲弊した。その結果、第一章五節で述べたように、イギリスはインドを完全に植民地化することに成功した。綿製品は着心地がよく機能性も優れ、値段も手ごろである。さらに、熱帯や寒冷地など世界各地でも好まれているため、綿の使用は世界的に増加している。

（2）イギリスの植民地政策と産業革命

イギリスが植民地政策を押しすすめることになったのは、一六世紀後半の英西戦争（一五八五年）におけるスペイン無敵艦隊に対する勝利に大きく起因している。特に一五八八年のアルマダの海戦における勝利が決定的だった。イギリスの植民地政策は一七世紀から始まり、これにより自国工業のための原料を安く手に入れることができた。また、自国の工業製産品（綿製品）を独占的に売りつける南北アメリカ、アフリカ、アジアが植民地の標的になった。さらに、イギリスの産業革命が一八世紀に始まり、動力を使用する様々な紡織機械が開発された。その後、生産基盤が農業から工業社会に転換され、マンチェスターなどの新興都市が誕生した。マンチェスターは、一八世紀の産業革命の中心地で、一大綿工業地になった。一八三〇年、当時最大の港リヴァプールとの間に鉄道が開通し、大量の綿製品がこの貿易港から世界中に運ばれていった。この開通は産業革命後の経済の発展や拡大に大きく貢献することになった。

(3) アメリカの綿業界と産業革命

アメリカの綿花栽培は当初イギリスの植民地として同国向けに供給するために始まった。摘み取りは大変過酷であるために、アフリカから多くの黒人奴隷を連れてきた。近年では、耕作、種まき、灌漑、刈り取りはGPS（Global Positioning System 全地球測位システム）を使ったハイテク技術がふんだんに使われており、畑は工場の様相を呈している。この一〇〇年の間、アメリカは農業技術、機械その他バイオテクノロジー分野でも世界のリーダー的存在で、一般的には、工業国と思われがちであるが、むしろ偉大な農業国であり、輸出国である。

アメリカでは、米英戦争（一八一二年）南北戦争（一八六一年）により、綿製品を含めたヨーロッパからの工業製品の輸入が止まった時期があった。しかし、一七九〇年にイギリス移民のスレーターがアークライト式紡績機発明をもとに、ロードアイランドに紡績工場を建て、綿糸の大量生産に成功した。一八一四年には、世界に先駆けて動力織機が発明された。その結果、紡績と織布という二つの異なる製造活動が可能になり紡織一貫体制が完成し、その輸入停止も大きな問題にはならなかった。このように、歴史的に見れば、アメリカの産業革命はイギリスと同様に紡織工業から始まったと言っても過言ではない。紡織業はこの技術革新や動力源の刷新、さらに南部の豊富な綿花を基に東部中心に始まった。ほとんどの紡績会社の本社はニューヨークにあり、従業員が工場から本社を訪問する際には多くはブルーカラー（青い襟）のジャケットで出かけた。工場の従業員は通常ブルージーンズだった。いろいろな説があるが、これが現場作業に従事する労働者を指すブルーカラーの語源の一つとも言われている。

（4）シカゴ商品取引所、ニューヨークとリヴァプール綿花取引所

商品取引所は、主に農産物や鉱物などの商品を扱い、現物や先物取引を行っている。現在では、ほとんどの原材料（穀物、石油、ゴムなど）が世界各地の商品取引所で取引されている。それらは主に世界の金融の中心地であるアメリカとイギリスにある。特に先物市場は資金や情報が集中するため、経済発展には重要なインフラである。そのために、基幹物資の価格決定権を自国の取引所が持つこと自体が国益や政治的有利性につながり、大国はそれらをさらに取り込もうとするが、手放そうとはしない。取引所の主な機能は、価格形成やリスクヘッジ[1]など需給を調節して適正な価格を形成することである。たとえば、綿花などの売買において、予期できない事情により値段が一方的に下落したり、上昇したりすることが多々ある。リスクヘッジはそれによる損失を最小限に食い止めるために、先物取引を使って、急激な値段の変化（リ

スク）を回避する方法である。これは、利益追求より価格変動リスクを抑え安定した商い（運用）をするために使われている。もし、このようなヘッジをしなければ、綿花の値段が下落した時は生産者（農家）が損失し、買い手（紡績業者）は利益を得る。逆に上がった時は生産者が利益を得て、買い手が損することになる。また、取引される商品（綿花）は現物（既に手元にある）であったり、さらに、先物[2]（半年または二年先に受け渡し予定）であったりする。取引所は売主・買主が安定的・継続的に安心して、生産に従事できる様、商いをスムーズに進め、導くことを目的としている。

そして、取引所は人間関係とは無縁の市場であり、誰でも、いつでも、どんな量でも決められた品質範囲内の綿花（商品）なら現物か先物として取引できる。すなわち、まだ出荷されていない、あるいは栽培されていない綿花の将来の価格動向に投機できた。一九世紀中ごろにできた世界の取引所は取組量が多く期待できる先物取引契約に重点を置いていた。これは一八六六年に最初の大西洋横断電信ケーブルが敷設されたことにより情報が世界中に伝わる速度が加速したことが要因となっている（ベッカート　二〇二二）。

ここでは、世界の商品市場に大きな影響力を持つシカゴ商品取引所、綿花取引の中心的存在であるニューヨーク綿花取引所、およびリヴァプール綿花取引所について説明する。

はじめに、シカゴ商品取引所（ＣＢＯＴ）は、トウモロコシや大豆など穀物の先物価格形成に強みを持っていることを確認しておきたい。後背地に膨大な穀物の集散地があるシカゴをバックグランドとして一八四八年に開設されたアメリカで最初の穀物先物取引所である。シカゴのランドマークである超高層で荘厳な建物であるシカゴ商品取引所ビル内に取引所を持っている。また、今では金融商品等も扱うようになり世界的に最も影響力を持つ取引所になった。穀物は天候により収穫量や品質が大きく変化する。さらに、世界の政治や経済情勢により需給バランスが、突然大きく変わることがよく見うけられる。その時は、しばらくの間、価格（相場）は、乱高下（ストップ高・安）[3]する。その価格は時には一定方向に、また上下両方向にはげしい動きが繰返されるが、時間をかけて、参加者が納得する適正な価格が形成される。[4]穀物は、他の商品に比べ、取引高も多く影響力もある。よって、他の金融商品は穀物相場の動きに敏感となり、それにつれて価格が上がったり、下がったり連動することがよくある。長期間にわたって、大雨や干ばつが続いたときは、突然、穀物の価格が「ストップ高」となり、取引所内は騒然となることがある。この高騰の雰囲気が他の取引所に影響を与えることもよくある。最も影響があるのは、同じ農産物である綿花を取り扱うニューヨーク綿花取引所であり、綿花価格も高騰することが多い。業界用語では「連れ高」[5]と言われている。このような連鎖高は先物市場では頻繁に起きている。

ニューヨーク綿花取引所は一八七〇年に、一〇〇人の綿花の仲買人と商人によって設立された。市内で最も古い商品取引所であり、当時も今も、綿花は、輸出や国内消費の両方においてアメリカの主要な商品である。なお、その取引所は二〇〇一年九月一一日まではワールド・トレード・センターの八階にあった。いわゆる9・11のアメリカ同時多発テロ事件以後はダウンタウンにあるニュヨーク・マーカンタイル取引所ビルに移動し、名前がＩＣＥ Cotton Futures に変わった。事件前は、綿花商が取引所を訪れる折は、売買を委託している仲買人が出迎え、当日のマーケット状況の説明がされ、取引所内部を案内してくれた。通常では、綿花商（cotton merchant）でさえ、仲買人の案内なくしては、場内（ピット）には入れなかった。

市場は世界の綿花事情だけで動くのではなく、穀物、原油、金融相場にも敏感に反応するため、多くの綿花商は相場の先行きを窺うことの難しさを痛感した。近年、綿花の金融化が問題となり、綿花市場の安定性に大きな影響を与えるようになった。綿花取引所は、以前はリスク管理のために用いられてきたが、今では株式市場などの投機資金の収入源として利用されるようになった。その結果、物理的な需給とは全く関係なく価格が大幅に変動し、不安定になる場合が多くなることが懸念される。

次に伝統のある取引所は、一八七四年設立のリヴァプール綿花取引所だった。しかし、現在イギリスにおける綿花の輸入は皆無になっており、リヴァプール綿花取引所はその役割を既に終えている。だが、同市内にあるCotton Outlook社が、世界各国の綿花情報に関する週報や価格指数を出し続けており、それらは世界からも注目されている。

さて、インドや中国では綿花の国内生産や消費も多く、各地に取引所があるが、主に国内の指標に使われているだけである。現在では、このような状況において、ニューヨーク綿花取引所(6)の価格が、世界で取引される綿花価格の指標となっている。また、他の商品と同様に綿花取引市場もグローバル化が進み、世界年間総生産量の三分の一が国際取引され、取引所の扱いも大幅に増えた。近年、ICE（旧ニューヨーク綿花取引所）ではすべてが電子取引となり（以前は場立ち合い取引）取引時間も一七時間以上（以前は五時間）で取引高が増加している。さらに、デリバティブ（金融派生商品）の活用で先物取引に多くの投機会社の参入が見られ、本来の目的とは異なることもあり、価格の変動も激しくなっている。例えば、綿花の価格は二〇一〇年では六〇セントであったものが、二〇一一年には二一五セントと短期間に三倍強値上がりした。この突然の相場大変動によって損失が生じた綿花商が、証拠金の担保力が不足し、その追証を支払えなくなり、多くが倒産に追い込まれた。同時に、売買契約の不履行も発生し、現在もなお、世界綿花協会において、解決のための調停が続いている。このような事態にならないために、取引所が解決せねばならない問題が多く残っている。

また、取引所で取引される商品（穀物、綿花等）は、農作物であるためにばらつきもあり同じ商品であれば何でもよいというものではない。決められた規格（一定の品質）をもとに取引され、もし差異があれば、プレミアム・ディスカウントで値段が決められる。以前は、綿花の品質鑑定（等級、長さ、成熟度、伸度等）には米国農務省認定証を要し、その取得には、検品知識とその技術に関する実地と筆記試験に合格しなければならなかった。そのため、アメリカ国内のみならず、世界中の綿花関係者がその取得のため、テネシー州メンフィスでアメリカ農務省の認定資格を取得しようとした。メンフィスにはその試験に合格するための綿花学校が存在し、約三五年前までは米国農務省認定の検査官が一俵ごとに鑑定した。アメリカで生産されるすべての綿花の検品や鑑定には、多くの検査官を必要とし、綿花収穫シーズン中（一〇月から一月）は、週末も無休だった。しかし、増産の年には、決められた時間内に綿花の品質を鑑定することができず、綿花代金の支払いやその受け渡しが遅延した。そのため、米国農務省は農家や綿花商から常にその遅れについて非難を受けていた。その後は、大量高速機械検品機（High Volume Instrument）が開発され、短時間に大量の品質鑑定が可能になった。このため、取引所に持ち込める量が大幅に増えたことも、取引所の活性化に大きく寄与することになった。

二　日本の綿花事情

（1）漂着した崑崙人(こんろんじん)と日本の綿作

日本には平安時代初めの七九九年に漂着したインド人（崑崙人・名前は不明）が最初に綿花の種を持ち込んだ（図12・1参照）。なお、この崑崙人が持ち込んだ綿花を祀る天竹(てんじく)神社（通称綿花神社　愛知県西尾市）がある（図12・2参照）。小さな神社だが、境内には綿が植えられており年に二回の祭礼が行われている。当初この地方では、綿花の栽培知識がなかったこともあり、生育が進まず、その栽培はすぐに途絶えた。しかし室町時代一五世紀に、再び綿花が中国から渡来し、戦国時代には一般大衆に広がった。一六世紀の中頃には三河、遠江、駿河、河内、摂津などの温暖な地域で栽培された。経済的な栽培や綿業が始まったのは江戸時代になってからだ。その頃には寒冷地を除いては、ほとんどの地域で栽培されるようになった。なお、肥料として高級魚であったイワシが使われていたという記録が残っている。このことは温暖で海に近いところで栽培されていたことからもうなずける。当時、綿作や綿業が大きく伸びた理由として次のことが挙げられる。

①在来の繊維原料（麻など）よりも、防寒、吸湿に優れている。
②民生が安定しており、大衆の衣料需要が伸びた。
③綿花、綿糸布が特産物として商品化され、貨幣経済に組み込まれた。

④鎖国によって、外国の綿花、綿糸布との競争がなかった。

明治初期にはアメリカの南北戦争の影響で綿花相場は高騰し、開国後間もない綿業界は大混乱に陥ったが、綿作農家にはつかの間の幸運であった。しかし、その後すぐに外国（中国）からの輸入綿が外国商人（中国人）の手で安く輸入された。それにより国内綿花は価格面で太刀打ちできず、栽培は大幅に減少した。その後、国内事情により一時的に増産となった時期があったが、コスト的に外国産に敵わず、さらに減少

図 12.1　日本へ最初に綿花の種を持ち込んだ崑崙人（799 年）
絵　日本綿花協会提供「アクセスは 2017 年」

図 12.2　愛知県西尾市にある天竹神社
撮影　島崎隆司、2010 年

傾向をたどり、今ではごくわずか栽培されているにすぎない。

（2）日本の近代紡績の推移

日本最初の機械紡績工場は、薩摩藩が明治維新の前年（一八六七年）に英国から紡績設備を輸入して設立された鹿児島紡績所だった。その後は、明治政府の殖産興業の振興策もあり、日本国内に多くの紡績所が設立された。一八八二年に大阪紡績（現東洋紡）が渋沢栄一らによって設立され、一八九〇年にかけてさらに二〇社以上の紡績会社が加わり、大阪は「東洋のマンチェスター」と呼ばれる繁栄を見せた。

日本はもともと労働力が豊富であり、明治時代の指導者は産業面ではイギリスの産業革命に学んだ。日本にとって、労働集約型産業だった紡織業は最も取り入れやすく、かつ多くの労働者に職を与える格好の産業だった。そのため、国策の紡績会社を作り、綿業の振興に力を注いだ。ついに、一九三〇年代後半には世界一の綿紡績設備を保有するようになり、世界一の綿織物輸出国になった。この紡織業を基にして、日本は一次産品国から低次ながら工業生産国や輸出国になる準備ができた。しかし、第二次世界大戦で日本の国内紡績設備はほぼ皆無となった。その後は連合国や日本政府の保護政策で設備能力は戦争以前の状況まで回復し、紡績業は戦後の経済復興に大きく貢献した。

しかし、一九六〇年代以降、紡績業は他のアジア諸国の追い上げを受け、二〇世紀末には衰退に向かった。日本の繊維産業は、明治初年に富岡製糸工場が設立されたように日本の近代産業の先駆けだった。また、第二次世界大戦後の荒廃から復興に至るまで、繊維品（特に綿織物）が最大の輸出品目だった。そして、繊維産業は紡織機をはじめとした繊維機械の改良や発明を通じて、自動車などの機械産業の基礎を築くなど、日本経済の発展を支えてきた。

(3) 紡績業を支えた綿花商社の設立

維新政府による急ごしらえの紡績工場を操業させ、さらなる発展を遂げるには原料である綿花の確保が急務だった。しかし、国内産綿花は、数量、品質的にも満足できるものではなく、輸入綿花に頼らざるを得なかった。明治初めには、割安の中国綿花が出回り始めた。しかし、その買い付けは中国人を介していた。彼らは暴利をむさぼり、契約も遵守せず、信用を置けなかった。そのため、国内綿花商仲間が共同で会社組織を作って、綿花を直接海外から買い付けることになった。最初にできたのは一八八七年に大阪の綿花問屋らが興した内外綿、一八七六年設立の三井物産は一般貿易会社であったが、輸入綿にも携わるようになった。さらに、一八九二年に日本綿花株式会社(ニチメン)そして江商(兼松江商)、三井物産綿花部が独立した東洋綿花(トーメン)、鈴木商店(日商岩井)、丸紅、伊藤忠、三菱商事が綿花輸入に参入した。その多くは、現在の総合商社であった。彼らは、綿花の輸入や綿製品の輸出を担い、商社として国際取引のノウ・ハウを身に着けた。五綿(トーメン、ニチメン、伊藤忠、丸紅、江商)は、関西の繊維商社の総称で、第二次世界大戦前は紡績会社と二人三脚で日本の近代工業化を推進し、戦後は経済復興に貢献した。その後に、住友商事、豊田通商、豊島等が新たに綿花取引に加わった。戦前・戦後にわたり、綿花は大手商社の花形商品であり各商社は、綿花を安く、安定的に確保をするために海外に拠点を設け多くの綿花海外駐在員が派遣された。そして、彼らは「世界を駆ける商社マン」ともてはやされた。しかし、近年日本の綿花輸入は激減し、各商社の綿花部門は閉鎖され、綿花関係の海外駐在員は他部署へ転属となった。なお、日本綿花（ニチメン）と日商岩井は双日（株）に、そして東洋綿花（トーメン）は豊田通商となり、一部商社の吸収・合併が二〇〇〇年初めに行われた。

（4）第二次世界大戦による紡績工場の焼失と海外工場の接収　──その復活をめぐって──

第二次世界大戦中、日本国内にある紡績工場の多くは空襲で焼失した。また、一九四五年の敗戦の結果、アジアに進出していた日本の紡績工場は接収された。島崎が一九八五年に上海の中国国営紡績工場を訪れた折、日本の紡績会社の名前が刻印された機械を見つけた覚えがある。戦争前における中国への紡績工場の進出規模は二一〇万錘（すい）であった。日本は一九三七年には紡績錘数（すいすう）、生産量や輸出量においても、世界最大の綿業国だった。しかし、戦前一二〇〇万錘を誇った日本の設備は戦後には二〇〇万錘と六分の一以下に落ち込んだ。実際の実力はそれ以下でありほとんど壊滅的な状況だった。しかし、終戦後まもなく占領軍である連合国が占領政策において、衣料と食糧供給は国民生活の維持のために緊急を要するとした。それにより、紡績業は基幹産業に選ばれ、財政的には日本銀行の手厚い保護を受けた。さらに、アメリカから日本の外貨不足を補うために、対日綿花借款が低金利で提供された。ＧＨＱ（連合国軍最高司令官総司令部General Headquarters, the Supreme Commander for the Allied Powers)、アメリカ、日本政府、および紡績会社の間に立って、それらを調整したのは、日本紡績協会[7]だった。また、それらによる保護や援助が紡績業界の復興の原動力になった。わずか一〇年余りの昭和三三年には、戦前と同じ水準の一二〇〇万錐まで回復し、再度世界の有力な綿布輸出国になった。しかし、その後、日本の繊維製品の急速な発展を恐れたアメリカは、その輸出攻勢に歯止めをかけようとして、日米綿繊維協定が結ばれた。これにより実質的に日本の対米輸出は壊滅状態になった。これが後に沖縄返還と繊維を取引したと酷評されるゆえんである。さらに、アジア近隣諸国の綿産業の急成長によって、日本の紡績業界は後述のように国際競争力を徐々になくすことになった。しかしながら、紡績業界は、近代日本の二回の大きな転換期に重要な役割を果した。最初は、明治維新における殖産興業の先駆者となり経済力の向上に、二度目は世界大戦の廃墟からの復興に大きく貢献した。

(5) 日本の紡績と綿花商社の衰退と海外進出

戦後急増した日本の原綿輸入量は一九九〇年代に入ると急激に減少して、現在では、最盛期の二〇分の一になっている。紡績が花形産業と言われた一九六〇~八〇年代にかけて、日本は世界最大の綿花輸入国であった。その数量は年間約七〇万トンから九〇万トンであった。この輸入量は現在の世界国別輸入数量と比べてもトップ5に入っている。綿糸や綿布の生産のためには原綿を大量に輸入する必要があった。ちなみに、日本の世界各国からの輸入量は、一九七二年には八七万トン、一九八五年には七三万トンと一時期減ったが、二年後の一九八七年は再度八七万トンであった(日本綿花協会)。当時は、輸入した綿花で紡績・織布工程を日本国内で行い、縫製および仕上げは海外に輸出して行う流れが主流であった。

しかし、一九九〇年のバブル崩壊以降、国内での生産コストの上昇をうけ、海外に生産拠点を設ける企業が増えた。その結果、国内での繊維産業は大幅に縮少し、綿花の輸入量も急減した。二〇〇〇年の日本の紡績の海外進出状況は、アジアを中心にアメリカ、ブラジルへ一〇〇社（複数国進出を含め）にのぼった。このため、綿花商社は日本国内の売り上げ減少を補うために、これらの進出した日系海外会社や現地民族資本の紡績会社への販売に注力した。しかし、日系現地紡績会社は現地民族資本の総合力に劣りその操業は次第に減少した。そのため、日本の綿花商の多くは綿花販売から撤退し、今日に至っている。現在では日本の繊維製品の輸入依存率は98％になっている。このような事態は、紡績各社の海外進出が盛んであった一九九〇年代から多くの繊維関係者の間でひそかに想定されていたことかもしれない。

(6) 繊維製品の輸入と紡績工場の跡地

現在の日本の繊維製品は、前述のごとくほぼ全量輸入に頼っていると言っても過言ではなくなった。また、日本の紡績業界の衰退は、戦後間もない日米繊維協定、アジア諸国の紡績業の急成長、さらに輸入自由化、円高の影響により、二〇世紀末に急速に進み、現在では紡績工場の操業は最盛期の5％以下になっている。そのため、紡績・織布・染色工場の多くは閉鎖され、その跡地はショッピングモールに姿を変えた。一方、紡績の生産減少分や新たな消費の需要増は、グローバリゼーションの影響もあり輸入品に置き換わった。現在、日本のマーケットでは、衣服の九割以上は中国、ベトナム、バングラディシュなどからの輸入品で、一部高級品のみが国産である。これは四〇年前には予想できなかった状況である。ところで、大都市周辺の大型ショッピングモールの敷地の大半は繊維工場跡が使用されている。特に綿紡績会社所有の土地である。綿紡績の工場敷地は広く、東京ドームの数個分またはそれ以上の広さがあった。また、それらの工場を建設した当時、工場は郊外に位置していたが、町が発展して大きくなるに従い、現在では中心地になり、ショッピングモールにとっては最適な立地条件になった。このように、紡績工場は大きな土地と多くの従業員を有していた。

(7) 堂島米会所、堺と大阪繰綿延売買会所(くりわたのべばいばいかいしょ)、三品取引所

一六世紀に商品取引所はイギリスのロンドンやベルギーのアントワープで開設されていた。しかし、これらは近年多く取り扱われている先物取引ではなく、現物取引であった。実は、先物取引という発想を持った取引所が世界で最初に設立されたのは日本であった。それが一七三〇年（享保一五年）江戸幕府に公認された大阪の堂島で開設された米を取引する堂島米会所だった。続いてすぐに、綿花取引のために、一七五九年（宝暦九年）堺で、また一七七四年（安永三年）大阪にて、繰綿延売買会所（綿花取引所）が設置された。その取引内容は現物・先物取引にくわえ清算機関（クリアランスハウス）[8]まで備わっていた。それは、現在世界で取引されている内容とほぼ変わりないものであった。この堂島米会所は世界のどの取引所よりも約一〇〇年早く設立された。その主な理由は、日本人が江戸時代のお米の重要性を認知した社会（米石高による封建社会）を基盤としていたからだとされている。この米会所は明治維新で一時中断されたが、その後復活して、東京穀物商品取引所に引き継がれた。一方、前記二つの日本の綿花取引所は天明の

大飢饉による諸物価高騰抑制の目的もあり、一七八七年（天明七年）に廃止された。

しかし、明治維新後の殖産興業である紡績工場の拡大にしたがい、綿製品の取引を活性化するために、一九〇一年大阪三品取引所が開設された。綿糸、綿布と同じく綿花も含め三商品が上場されたが、綿花はほとんどが輸入品であり、国内産の市場が小さく、取引が不振であることを理由に一九二七年に上場廃止となった。

（8）人々を惑わす綿花相場

綿花の価格は、需給や品質以外に国の政策・規制、在庫・備蓄、農家に対する政府の補助金などのさまざまな要因によって変動する。相場とは主に取引所で取引・形成される価格や値段を指し、常に変動している。そのため、綿花を取り扱う人々（業者）は綿花相場という魔物から逃げることができず、それに惑わされ続けた。

(1)綿花に付きまとう相場

綿花の商いには相場という魔物がついてまわり、誰もそれから逃れることができないと言われている。相場とは一般的には、取引所で、ある時点における市場での物品（綿花）の需要（買い）と供給（売り）によって決まる取引価格である。その価格は取引毎に変動する。相場は、生産、消費、在庫の三大要素とさらに人気がくわわって成立している。この三要素は数値化され国などの公式機関が発表し、その時点では正確なものである。他方、人気とは取引参加者のそれぞれの思惑であり、数字では表せない。相場が変動する要因は以下の①ファンダメンタルズ、②政治的要因、③市場心理、および④地政学的要因が挙げられる。この中で、基礎となるものは①のファンダメンタルズである。これは前述の三要素から成り立っている。しかしその分析や理解の仕方は各々異なっており、或る者はそれを強気とみて買い付けたり、反対に他者は弱気とみて売ったりする。[9] また、②の政治的要因と④の地政学的要因は主に情報力であり、マーケットにいかに多くのアンテナを持っているかによる。一番の関心事は③の市場心理である。これは前述の人気度に似ており数字で把握するのが難しく、刻々と変化する可能性が高い。相場は人気度次第で目先は動くが、最終的には相場でよく使われる「織り込み済み」という言葉でだれもが納得する値段で落ち着くことが多い。相場を評して多くの格言が残されている。例えば、相場は、あまのじゃくである、浮気者である、理屈では分かり切れない生き物である、などを挙げることができる。すなわち、理外の理で動くものなど数えきれないほどである。

(2)相場師

株式市場や綿花を含めた商品取引の世界では相場師[10]という言葉がある。相場師とは相場に大変詳しく、他より卓越した才能を持ち、特に大相場を当てた人を指す。時にはメディアなどで英雄のように扱われ、多くの相場格言を残している。世界においても、相場師と言われた人たちは多くいた。当初は、相場を当てて[11]所属する団体や会社に大きく貢献し利益をもたらした。しかし、最後には失敗して反対に多大な損害を与え、その責任をとって業界や会社から去った相場師も多くいた。このような無残な事例から、日本では相場という言葉の響きはあまり良い印象がもたれてない。なぜなら相場を張ると言うことは、博打をするのと同じ意味にとられている。その一方、世界、特に欧米では、株式、金融資産、不動産などの世界の動きは相場と割り切った考え方がある。それは忌み嫌う言葉ではなく、日本とは異なった反応を示している。相場とは、チャレンジであり、それは避けて通ることができないものと解釈されている。良い方に解釈すれば、開拓者精神（パイオニアスピリット）である。そして彼らは相場をマーケットとも呼ぶ。マーケットは、中立であり、売買、市場、取引所等の広い範囲の意味を持っている。

(3)相場と博打

相場と博打はよく混同される。相場を張る、相場に手を出す、相場を当てるなどの言葉は、相場を博打に置き換えたりしてよく使われる。しかし、相場と博打は同じ意味ではない。相場は、綿密な分析や計算の上になされる商行為である。しかし、リスクがついて回っている。一方、博打はイチかバチかの大勝負、勘と運、結果を運に任せ偶然の成功を狙って敢えてする行為である。日本では、それはやってはいけない行為、つまり違法行為として古くから理解されてきた。そのため、日本の綿花商は、綿花を商いする上で使われる相場は博打ではないと会社の内外で説明をし、その理解を得るのに大変苦労した。なぜなら相場と言う言葉には、博打には無い尊敬や信頼、および信用の意味合いがあるからである。綿花を商いするには相場を避けて通れないことは、世界中の綿花商はよく理解している。ところが、最近の綿花市場は近年の異常気象や場違い筋[12]の参入などがあり、以前と比べ、価格の変動幅も大きく、綿花を生業としている綿花商を悩ませている。

(4)販売競争の激しい大阪相場

過去には世界からも注目された、販売競争の激しい「大阪相場」という言葉も存在した。多くの大手紡績会社の本社が大阪に在り、綿花の買い付けも本社で行われたため、その市場は大阪プライスや大阪マーケットと呼ばれた。そこで、取引される数量が世界でトップクラスだった。また、世界の綿花関係者はそれを世界で一番安いマーケットと敬意を払い、そして揶揄をふくめて、そこで取引される商いを「大阪相場」と呼んでいた。二〇年前までは大阪には、欧米の綿花商社の販売代理店が一〇社以上店を構えていた。それほどに大阪マーケットは世界から注目され、重要視されていた。

ところで、付加価値の低い紡績業では原綿価格が直接損益に結びついていた。綿糸生産コストに占める原綿代は番手によって異なるが55~85%(一九五五~二〇〇〇年)と高率であった。したがって、紡績会社が綿花を買い付けるときは社長、役員が直接陣頭指揮を執り、諸情報や統計などを詳細に分析し、安い綿花の確保に努めた。たとえば、アメリカ人でも理解が難しいアメリカの農業法案の内容とその仕組みを、これら紡績会社の役員が理解していたことは世界の綿花商も驚いていたほどだった。一方、これに応ずる綿花商も同様に、如何にして割安な綿花を紡績業者に供給するかを常時研究し、工夫していた。しかし、紡績業界と綿花商社の資本力の差、さらに売り上げ増を使命とした綿花商同士の激しい競争のため、大阪における日本の綿花商社から紡績業者への売値は産地相場や世界のどこよりも安いことが常だった。コストよりも安く売ることで「相場を走る」と言われた。これは、相場を先取りして販売（多くの場合は安値）することであり、日本の綿花商はまずは相場を見ながら利益を出し、さらにこの大阪相場の走りにも勝たなければならなかった。この難問を乗り越え、解決するには大きな障害やリスクがあった。綿花商社が損失を被った時、紡績各社が発展して利益を生んでいる間は、綿花商が綿製品の輸出等で稼げるように、何らかの補填を紡績会社から得ることができた。しかし、紡績会社の利益体質が衰退するにしたがいこのようなマジックは成り立たなくなった。

このような競争が激しい商いの中、一部の綿花商がしばしば大きな損失を出したり、倒産したりした。綿花は相場の変動と競争の激しさが、他の産業に類を見ないとされた。そのため、会社本体から綿花部門を切り離していた財閥系商社がいたほど、リスクがあるとみなされていた。近年、日本の綿花消費も減少に向かい、大手商社同士の売り上げ競争も無くなり、多くの綿花商や総合商社の綿花部門は綿花取扱いから撤退した。現在では、輸入量も少なく二〜三社が綿花の輸入に携わっている程度になった。過去において、一番多いときは、大小含め五〇社以上が商いをしていた。

三　綿花の種類と品質の選定基準

商業栽培されている綿花の分類は、植物学上や綿花の使用用途に応じて大きく三種類に分類されている。

品質の選定基準は綿産各国の公的機関やアメリカの農務省が主体となって、具体的に設けている。綿繰り後のサンプルをもとに品質検査が行われ、等級付けされる。その等級によって取引価格が異なる。

（1）繊維長による分類

綿花は植物学上、アオイ科ゴシピウムに属し、繊維長[13]により主に次の三種類に分類される。

①短繊維綿（アルボレウム種）主にデシ綿、アジア綿とも言われる。インド原産で繊維の長さが短く太いことが特徴である。紡績用に向かないが、弾力性に富むために、布団綿や脱脂綿に使われている。インドやパキスタンの一部でのみ栽培されている。生産量は二〇万トン以下で江戸時代に日本で栽培されていた綿花はこの品種だった。

②中繊維綿（ヒルスツム種）商取引ではアップランド綿又は陸地綿と呼ばれる。メキシコや中央アメリカで栽培され、その後アメリカの栽培条件に合わせて品種改良された。一八世紀から一九世紀にかけて世界に広がり、現在では世界の生産の90％を占めている。綿花の種類は多く、アメリカ綿（スーピマ綿を除く）オーストラリア綿、ＣＩＳ綿、中国綿（新疆の長繊維綿を除く）西アフリカ綿、トルコ綿、ブラジル綿、パキスタン綿（デシ綿を除く）などがある。

③超長・長繊維綿（バルバデンセ種）毛足が長い高級綿であり、希少性が高い。生地に仕立てたときの肌触りは絹のようである。肌触り、強度、吸湿性、放湿性、軽さなど、さまざまな点で超長綿は羽毛布団などの素材として使われる。紡出される綿糸は五〇番手以上の細いものである。種類としては、アメリカ

のスーピマ綿、エジプト綿（ギザ45、70）、ペルーピマ、海島綿、インド綿（スビン、ＤＣＨ32）、中国綿（新疆綿　Ｔ−１４６）があげられる。生産量は約四〇〜四五万トンで世界生産量の２％弱である。なお、このうち特に希少性の高いことで知られているのは、エジプトのギザコットン、アメリカのスーピマ綿そして新疆ウイグル自治区の新疆綿Ｔ−１４６である。これらを世界三大コットンとよんでいる。なお、海島綿は世界中のあらゆる綿花の中でも最高級の品質とされている。幻の綿と言っても過言ではなく、世界の色々な所で紹介されている。しかし、生産量は非常に少なく、天候不良でまったく生産されない年もある。メディアなどで宣伝されている数量にはほど遠いと思われる。

（２）通常の綿花（コンベンショナルコットン）とオーガニックコットン

この違いは綿花の種類とは関係がない。しかし、近年、オーガニックコットンという言葉をよく耳にする。これは、ＧＯＴＳ（Global Organic Textile Standard）と呼ばれる認証機関の定める厳格な基準をクリアした綿花とされている。農薬の使用をできる限り少なくし、人と環境にやさしい方法で栽培しているコットンである。ただし、品質に関しては通常のコットンとまったく変わらない。しがって、オーガニックコットンの方が肌に優しく良いと言ううたい文句が聞かれるが、そのようなことはありえない。このように多くの衣料メーカーが、販売に前のめりになり、正しい宣伝がされていないことが、オーガニックコットンの本来の意味の浸透を遅らせている要因でもある。生産量は約一二〜二五万トンであり、短繊維綿や長繊維綿を大きく下回り、世界生産量の０・５〜１％以下になっている（詳しくは第七章の「ＳＤＧｓ、サステナブルコットン」を参照)。

(3) 綿花の品質選定基準(アメリカ農務省基準)

アメリカでは一九〇〇年代初めに綿花の品質基準を世界的に統一しようとの動きが始まった。その後、アメリカ農務省は一九〇九年にアメリカ綿について標準規格を策定した。これにより今日の綿花の標準規格の元にもなっているユニバーサル品質基準(Universal Quality Standard)ができ上がり、一九一四年には改訂された米国公式綿花基準(Official Cotton Standards of the United State)が誕生した。綿花の品質鑑定はかつて人の目によって判別されていた。綿花の品質を鑑定することをクラッシング(classing)と言い、綿花鑑定人はクラッサー(classer)と呼ばれていた。約三五年前まではクラッサーによる鑑定が主流だった。なお、当時のクラッサーはグレードや繊維長について、hand classing/manual classing(人の手や目)で判定していた。しかし、それは人件費の高騰、熟練クラッサーの減少、さらに鑑定に時間がかかり過ぎるとの批判などからクラッシングの機械化が急がれ、HVI(High Volume Instrument)が開発された。その他の要素である繊度、強度、均一性は、HVIを含む機械検品で判定されている。なお、アメリカの品質基準が世界中で用いられる理由はアメリカの綿花の多くが輸出され、国際市場で流通しているからである。

綿花の品質を決定する要素は多岐にわたるが、具体的に次の五点が重要である。

①グレード(光沢、白度、異物混入、ネップ、プレパレーション)

光沢と白度から色(カラー)が決められる。白いほど高品質であり、異物(収穫時の葉かすなど)が少ないほど良い。

②繊維長（staple length）

繊維の長さをあらわし、長いほどよいとされている。

③繊度（micronaire fineness）

繊維の太さを表しており、糸や織物の用途に応じて異なる。

④繊維強度（strength）

繊維を引っ張る力、強いほど価値がある。

⑤均等性（uniformity）

①〜④までの要素を総合した「ばらつき」度合。

一俵当たりの①〜④までの要素が均等（ばらつきが少ない）なほど価値がある。綿花は植物ゆえに、すべてが均等ではなく、さまざまな品質のものが混じっており、その中で均等性が高いことに価値がある。

注

（1）リスクヘッジは生産者・農家が商品（綿花）のコストに見合った値段で、一方小売業者などの消費者や紡績会社は生産する商品（綿糸・綿布）が適正と想定される値段で、定期市場で売買し、将来の利益を確保すること。

（2）先物取引は商品（綿花）を将来の決められた日（期日）に、取引の時点で決められた価格で売買する取引である。

（3）綿花などの商品は、その価格が急激に上昇・下落することがあり、取引所の参加者にその変動による大きな損害や混乱を与えないように、「制限値幅制度」がある。その制限価格いっぱいに上昇した場合をストップ高、下落した場合をストップ安と呼び価格の上昇下落の幅を一定限度内に抑える制度。

（4）市場において形成される価格、値段その他交換比率一般のこと。レート、株式相場など比喩的には、通例や「その状況なら大概はこうなる」という評価。

（5）ある相場の動きを反映して、他の相場も同じように上昇すること。影響力のある他の取引所の値動きや、類似した商品同士の値動きにつられ高くなること。追随高ともよばれる。

（6）ニューヨーク綿花取引所は生産市場を、リヴァプール綿花取引所は需要市場を主に代表していた。

（7）現在の日本紡績協会の前身である紡績聯合会は、一八八二年に設立された。政府関係機関との連絡・折衝、紡績技術の情報交換、労働保障問題に関する、折衝、業界の健全なる発展を図ることを目的に活動した。

（8）先物商品を売買して生じた損益のやり取りにおいて、取引決済が当事者間で不可能になった場合の保証業務を担う機関。取引相手の信用力を考慮する必要がない。

（9）相場の強気と弱気。強気：価格が上昇する、弱気：価格が下落する。

（10）相場師の師は教師、宣教師、占い師などがあり、集団を導く者、教え導く者、一芸に達した者という意味もある。

（11）相場を当てるとは、諸条件を分析し、相場の方向性を予想すること。

（12）場違い筋とは当事者や実需者でないものを指す。

（13）繊維長　超長綿（35㎜以上）、長繊維綿（35㎜未満―28㎜以上）中繊維綿（28㎜未満―21㎜以上）短繊維綿（21㎜以下）。

第三章　綿花と人権問題

——人間の尊厳をめぐって——

ここでは、本書の表題である「綿花と人間との関わり」の中の人類の最も悲惨な負の部分である黒人奴隷やアメリカンインディアン（以下、ネイティヴアメリカンとする）に代表される先住民族に対する人種差別や人権侵害をサブタイトルである歴史からみた現実を直視し、記録から紐解いていく。まず、綿花栽培に関わる人権侵害や人種差別問題、またそこから問われる人間の尊厳について述べる。次に、黒人奴隷の歴史的背景をまとめ、北米と中南米における黒人奴隷制度を取り上げる。さらに、先住民族の差別や虐待、および黒人奴隷解放後のアジア系移民労働者についても触れていく。最後に、人権侵害の代表的な例として、綿花畑や縫製工場における児童労働や強制労働、それに伴うフェアトレードについても述べておこう。

一　人種差別と民族差別

西洋諸国では一八～一九世紀以前から植民地との交易を正当化するために、人種差別が強引なかたちで科学と結び付けられた。彼らは社会進化論や優生学を援用しながら、先住民族への差別・虐待のみならず、アフリカの黒人を対象とした奴隷貿易を行った。また先住民族であるネイティヴアメリカン、中南米のインディオ、オーストラリアのアボロジニ、などに対して行われた、西洋諸国による虐待や居留地への強制移住などの強硬な植民地政策の結果、彼らの人口は現在は回復傾向にあるものの一時大幅に減少した。人種・民族問題とは異なるが、一九世紀後半に世界の奴隷制度が廃止された後、ヨーロッパやアメリカの労働力不足が生じた。そのため、インドや中国の貧民層や難民の労働力が奴隷と同様に売買され、多くが本国から海外に渡った。彼らが奴隷や半移民として、他国の労働力の必要性によって移動した結果だった。世界の多くの国で、中国人街やインド人街が見られることは、この移動に大きく関わっている。

二　黒人奴隷の歴史的背景　――三角貿易――

アメリカ大陸の農業を支えたのは、アフリカから連れて来られた黒人奴隷である。アメリカの産業の中心であった綿花栽培はアフリカ黒人奴隷の犠牲の上に成り立ち、また中南米の主な収入源であった砂糖、コーヒー、タバコの栽培・刈り取りなどは黒人奴隷の汗の結晶でもあった。その黒人奴隷をアフリカから新大陸に送り込むことを可能にしたのは、大西洋を挟んでアフリカ、新大陸、ヨーロッパの三角貿易と呼ばれる航海サイクルだった。一五世紀末からアフリカとヨーロッパ各国との交流が始まり、ヨーロッパ諸国は交易の基地をアフリカの各地に建設した。代表的なものは一四八二年のガーナのゴールド・コーストにポルトガル人が建設したエルミナ城だった。

一六世紀まではヨーロッパからの加工品とアフリカの産物（金や象牙）などの交易が平和裏に行われ、友好な関係が保たれた。しかし、ヨーロッパ各国が西インド諸島やアメリカ大陸でヨーロッパ市場向けに大規模な農場経営に乗り出すと、大量の労働資源確保が必要となり、現地先住民では限りがあるためアフリカの奴隷を移入することになった。それに最初に着手したのは、スペインであり、一五一八年新大陸からヨーロッパに砂糖を持ちかえり、アフリカ西海岸から商品として奴隷を新大陸向けに積み込んだ。彼らはこの三角貿易と呼ばれる航海サイクルで莫大な利益を生み出した。

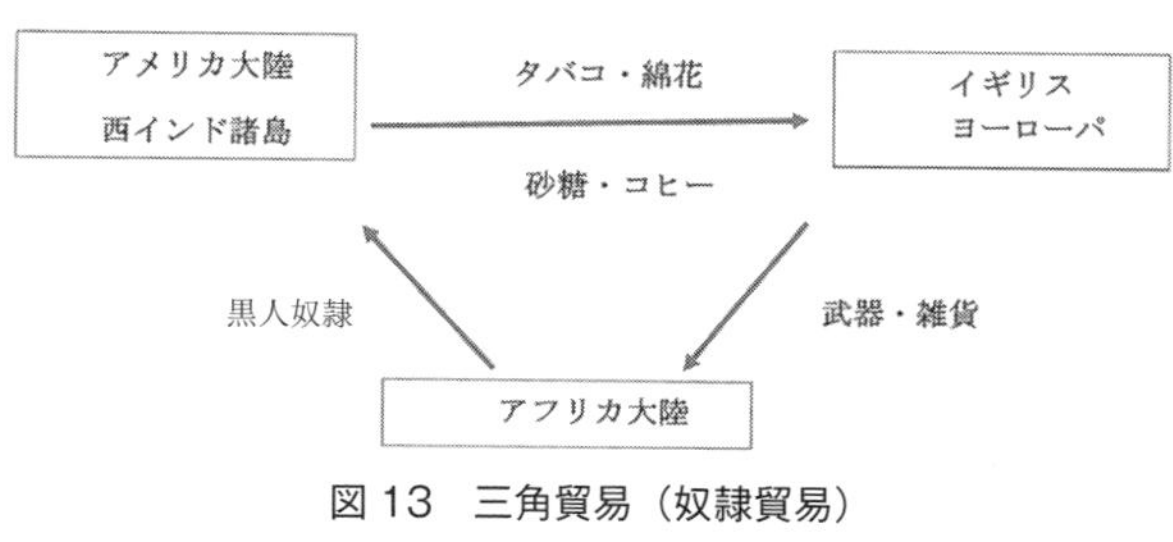

図 13　三角貿易（奴隷貿易）

まず、ヨーロッパから工業品（鉄砲、綿布、ガラス製品）を積み込み、アフリカ西海岸でそれらの品を奴隷に変え、その奴隷を西インド諸島やアメリカ大陸に供給した。そこで、砂糖、タバコ、コーヒー、綿花などの商品を積み出し、ヨーロッパへ帰港するシステムが出来上がった。これを、一〜二年サイクルの交易で繰り返し、この奴隷貿易時代には一説には約一五〇〇〜二〇〇〇万人が大西洋を渡ったと言われている。

奴隷の需要はこの後も益々増加し、一七世紀後半にはアフリカ大陸で奴隷獲得のための争いが頻繁に行われていた。奴隷貿易によって、大量の労働力を失ったアフリカの諸都市は急激に力を弱め、そこではヨーロッパ諸国民による略奪や支配が横行するようになると同時に現地の産業も停滞した。一方、ヨーロッパ諸国にとっては、この悪名高い三角貿易で蓄積した利益が産業革命への大きな力となったとも言われている（図13参照）。

三　新大陸の農業を支えた黒人奴隷

一五世紀末に始まったスペインやポルトガルによるアメリカ新大陸植民地経営（プランテーション）では、当初現地のインディオによる奴隷労働が行われた。しかし、彼らを酷使したため、またヨーロッパ人の持ち込んだ天然痘などが流行したりすることで、その人口は急激に減少した。それを補うため、一六世紀からアフリカ大陸の黒人奴隷を供給する大西洋奴隷貿易が始まった。このアフリカから新大陸への地球規模における多数の黒人奴隷の人的移動は、グローバリゼーションの一つと言えるかもしれない。彼らは北米では当初はタバコ畑に、その後は綿花プランテーションに送られ、中南米では砂糖、ゴム、コーヒー農園にそれぞれ送られた。彼らは奴隷として使役され、人権は認められず、商品として売買された。

（1）アメリカの産業を支えた黒人奴隷

この項はアメリカの経済や産業を支えた黒人奴隷について述べる。黒人奴隷問題は、race（人種）ethnicity（民族）、およびancestry（出身・出自）と三つが絡んでいる。イギリスの植民地であったアメリカでは独立以前（一七七六年）より、東部や南部でタバコ栽培が盛んだった。一七世紀初頭には既に奴隷制によるタバコのプランテーションが始まっていた。今でもノースカロライナ州など東部ではタバコの栽培が盛んに行われている。その後南部諸州で、さらに開拓が進み広大な農地ができ上がったが、次第にタバコの価格が不安定で投機性が激しいため、農園主は大きく畑を広げることを躊躇した。ところが、当時イギリスの産業革命（一八世紀中頃）により、綿紡績・織物工場の生産性が上がり、原料である綿花が不足し、それに目を付けた農園主が作物をタバコから綿花栽培に切り替えた。一八世紀後半から一九世紀初頭までのイギリスの綿花消費量の80％がアメリカ産であり、その供給元はアメリカ南部の綿花プランテーションだった（巻頭カラーページ図14・1と図14・2参照）。

綿花栽培は広大な土地と豊かな土壌が基になっているが、その増産には多くの労働力が必要だった。当初は下級層の白人を雇っていたが、彼らは過酷な重労働のためすぐに逃げ出した。その後、先住民族のネイティヴアメリカンを奴隷化し使役しようとしたが、激しい抵抗にあった。最終的に奴隷商人から商品としての黒人奴隷を買い付け、綿花栽培は彼らに頼らざるを得なかった。一方、広大な土地の多くは原住民ネイティヴアメリカンから奪い取ったものが多くを占めていた。黒人奴隷貿易は一五世紀以降、ポルトガル、スペイン、イギリス、フランスなどの国家事業で行われ、主に西アフリカ（アフリカ西岸）からアメリカ大陸、西インド諸島に送られた。黒人奴隷の増加に伴い、アメリカの綿花生産量は一八〇〇年代初めから一八五〇年には三〇倍以上になった。黒人奴隷も当初の四〇万人から一八〇〇年初頭には一〇〇万人、その後一八五〇年には四〇〇万人にまで急増した。(1)一方、一九世紀初頭にはヨーロッパにおいて、奴隷貿易の禁止や奴隷制度の廃止が進められていた。イギリスでは産業革命による自由主義の台頭で一八〇七年に奴隷貿易禁止、一八三三年に奴隷制度の廃止が決まった。そして、フランスは一八一七年、スペインは一八二〇年に奴隷貿易を廃止した。しかし、アメリカにおける奴隷制度の廃止をめぐる決定はヨーロッパ諸国に比べ遅れていた。この主な理由として、一八世紀末にホイットニーによって発明された綿繰り機により綿花が増産され、アメリカ輸出産業の中心となった。そのため、南部において綿花摘み取りを目的とした奴隷の必要性がさらに高まった。[2] その後黒人奴隷制度について南北の対立が激化し、南北戦争（一八六一年）を経て一八六三年に奴隷解放宣言、一八六五年に憲法修正で奴隷制廃止となった。奴隷解放後は多くの黒人が北部の工業地帯に向かったが、一部はこの南部に残りプランテーションに住みつき綿花栽培に従事した。このようにヨーロッパやアメリカが黒人奴隷制度を廃止しようとしていたのと同じころ、ヨーロッパでは産業革命により生産量を高めるため、工場労働者が搾取され、奴隷の様な労働を強制されたのはおかしな現象だった。

ところで、前述のようにアメリカでは、綿花は歴史的に重要な地位を占め経済の発展に大きく寄与した。しかし、それは黒人奴隷の労働力なくしては成り立たなかった。アメリカ農業の機械化が進んだのも、奴隷解放による労働力を補うものだった。そして、奴隷がその過酷な労働に苦しんだ綿花の摘み取りに替わり自動摘み取り機が発明されたことは、綿花栽培のさらなる発展に大きく寄与した。

一方、このアフリカ系奴隷の教育や文化には宗教が大きな地位を占めている。最初のアメリカ移民はイギリス人だった。そして彼らの多くはキリスト教ピューリタンであり、プロテスタントの福音主義のメソティストやバプティストが中心だった。プランテーションでは、白人の主人家族とそれに仕える奴隷が一緒に生活しており、主人と同じ宗教を信仰し奴隷も教会に行くようになったのは、自然の成り行きだった。農園主にとっても宗教は奴隷を管理する手段であったと考えられる。このアメリカ南部では、中南米やカリブ海諸国に比べ、黒人奴隷の反乱が少なかったことも、それが要因だったかもしれない。もともと、アフリカ系奴隷は、西アフリカに浸透していたイスラム教も含め、アフリカ土着の宗教と文化を信仰していた。一八世紀の終わりまでは、キリスト教に改宗した奴隷はほとんどいなかったといわれている。南北戦争時には改宗者はわずか20％に過ぎなかった。その頃に改宗したのは、エリートといえる、家内奴隷や熟練奴隷に限られていた。多くの奴隷がキリスト教徒になったのは、南北戦争後の一九世紀後半にかけてであった。当時、教会は黒人奴隷がプランテーション社会に適応するための重要な組織であり機能を持っていた。

ところで、アメリカで最初に白人の奴隷となったネイティヴアメリカンとその後のアフリカ奴隷の大きな違いは、まずネイティヴアメリカンは土着であり、いつでも帰れる場所があったことである。さらに主に狩猟の民で戦いに慣れていたことも挙げられる。一方、アフリカ奴隷にとって海を渡って来た新天地では、地理に疎く逃げる場所がなかった。また、彼らはもともと半農・半狩猟民族でネイティヴアメリカンに比べ労働・宗教面では比較的従順だった。ネイティヴアメリカンは白人（征服者）に対して、反抗的（そのように仕向けられた面が多かった）で小競り合いをよく起こした。

しかし、彼らは近代的な武器には勝てず、行動範囲が大きく狭められ、居留地や保護区の中で居住させられた。新大陸が発見されヨーロッパ人が上陸した当時、北アメリカではネイティヴアメリカンは三〇〇

～六〇〇万人以上存在していたと考えられ、（ブリタニカ国際大百科事典）その後の白人による虐殺等で一時一〇〇万人以下に減少した。しかし、現在ではネイティヴアメリカンの人口は三一〇万人まで回復している。アメリカは移民国家であるが、先住民族であるネイティヴアメリカンの占める割合は、皮肉にも人種別では最下位である。(3) 当初、ネイティヴアメリカンは白人の移民者・開拓者が建国初期の新天地アメリカで生き延びるのに多大な貢献をしたが、時間が経つにつれ、反対に差別や虐待を受けるようになった。先住民であるネイティヴアメリカンの悲劇は中南米のインディオおよびオーストラリアのアボリジニに対しても繰り返された。他方、黒人奴隷は、もともと奴隷として連れて来られたという背景もあり、従順で環境適応能力があったようだ。

(2) 中南米の農業は黒人の汗のたまもの

ブラジルや西インド諸島等の中南米の農業は黒人奴隷の汗のたまものである。黒人奴隷は安上がりな奴隷労働力として、それらの砂糖プランテーションで酷使された。ポルトガルは一五世紀後半からアフリカ黒人を奴隷として商品化した。一六世紀初めには西インド諸島や中南米のスペイン人入植地の農園や鉱山においてインディオや多くの黒人が奴隷として使役させられていた。ブラジルでは一五三三年に現在のサンパウロの近くで大規模なサトウキビ栽培をはじめた。その刈り取りのため、ポルトガルは黒人奴隷をアフリカから大量に送り込んだ。サトウキビの収穫は綿花と同様に炎天下のもとで行われる過酷な労働であった。この奴隷貿易は、今では想像もつかないがローマ法王も認めており、貿易商人はスペインやポルトガルの国王に人頭税を払えば問題なく、彼らには罪悪感はまったくなかったようだった。

ポルトガルの植民地時代（一五〇〇年〜一八二二年）と奴隷解放令（一八八八年）の間の約四〇〇年間で、ブラジルに約四〇〇〜六〇〇万人の奴隷が送り込まれた。アメリカ大陸全体では約一五〇〇万人から二〇〇〇万人がアフリカから運ばれたとされ、そのうち約二〇〇万人が劣悪な環境の中、途中で死んだとされている。彼らは中南米でコーヒー、タバコ、砂糖などのプランテーションで働かされ、ブラジルでは奴隷小屋生活のなかで格闘技であるカポエイラを考案した（図15・1と図15・2参照）。これは狭い部屋での運動

図 15.1　カポエイラ路上の試合
出典：ウィキペディア
アクセス、2021 年 2 月 10 日

図 15.2　カポエイラ路上の試合
出典：ウィキペディア
アクセス、2022 年 6 月 11 日

不足を解消し、必要とあれば武器にもなりえた。柔道、空手など全ての格闘技の技を含んでおり、音楽を使った伴奏が付きダンスのように見えるので、農園のオーナーは、あまり気にしなかったようだが、大変危険なダンスである。ダンスの間には、当然お互い会話・密談もできた。また、彼らは奴隷生活の間に独特な音楽、ダンス、格闘技などで楽しみ、自分を守る方法を考えていたようだ。これはアメリカの黒人奴隷にも通じるところがあるが、アメリカでは格闘技は発達しなかった。

黒人奴隷が一番多く連行された国はブラジルである。ブラジルは一五世紀末にポルトガルの勢力圏になり、植民地支配は一九世紀初めまで続いた。その間、多くの黒人奴隷がアフリカから連行された。また、黒人奴隷が解放されたのはラテンアメリカで最も遅れた一八八八年だった。ブラジルの人口は二〇二〇年には二億一千万人となりその内訳は白人47%、黒人８%、混血が43%を占め、残りのわずか２%がアジア系や先住民となっている。このようにブラジルは、白人、黒人そして先住民との間で最も混血化が進んだ地域であり、「人種のるつぼ」と言われている。これに比べ混血があまり進まなかったアメリカとよく比較される。この違いは、カトリックとプロテスタントとの宗教的・文化的背景が異なることに求められるかもしれない。

次に、ブラジルの宗教に関して少し言及しておきたい。アフロ（Afro）アメリカの宗教という言葉があるが、アフロはアフリカという意味である。アフリカから南アメリカに連行された黒人奴隷はカトリックへの改宗が強制された。当初、中部アフリカから連行された黒人からイスラム教がもたらされた。また、彼らは表面的には改宗を装いながら、裏では故郷アフリカの宗教を信仰し続けた。自らの神をキリストに見立てたり、同一視したりしながら、宗教の混合を進めることによって、自分たちの宗教を守ってきた。そこで生まれたのがアフロアメリカ宗教である。ハイチのブードゥー（voodoo）、ブラジルのウンバンダ、キューバのサンテリーアなど、多くはアフリカに起源をもつ原始宗教とカトリックとの混合宗教であり、精神文化でもあった。これらは大衆文化においてもサンバなどでブラジルに多大な影響をもたらした。ブラジルでは、宗教的にはカトリックが大半を占め74％、プロテスタント15％その他は、ユダヤ教、イスラム教、仏教そしてアフリカ系のカンドンブレ（candomblé）とウンバンダに分かれている。（ブラジル地理統計院二〇〇〇年国勢調査）

このウンバンダなどのアフリカ密教はバヒア州のサルバドル市で見かけられ、公式には1％以下だがカトリック教徒の一部はこのアフリカ密教信者とも言われている。カンドンブレはナイジェリアやベナンから入ったアフリカ土着宗教、またウンバンダはアフリカ、インドの宗教スピリチュアリズム（spiritualism）と混合した宗教といわれている。それぞれはカトリック教徒から異端として迫害されたこの神をキリスト教の聖人になぞらえ、儀式をカトリックのミサを行っているように偽装して今日まで残っている。これらは、混合主義・合同主義・シンクレティズム（syncretism）[(4)]である。つまり、カトリックとアフリカ部族宗教を混ぜ合わせた崇拝が実践されている。これらは日本の潜伏キリシタン（一六一四年～一八七三年）や、かくれキリシタン（一八七三年以降）と同じように永らえてきた。ところで、アフリカの奴隷制度は、現在では考えられないことだが、カトリック教会から公認されていたのである。イエズス会がブラジルで生産した作物の収益を宗教活動に使うため、黒人奴隷が来る前は、インディオを奴隷として、農作業に使役した。インディオは頻繁に反乱を起こし、森などへ脱走したりした。

しかしながら、連れて来られたアフリカ奴隷は逃げる場所もないため、反抗せずに従い、働かざるを得なかった。インディオはネイティヴアメリカンと同様に地元に逃げる場所を持っていたのが黒人奴隷との違いだった。修道院がアフリカ奴隷で一杯になっていたとの話もある。教会が奴隷を使っていては、彼らがその布教には従わないのは当然なことだった。

四　先住民族への差別や虐待

ネイティヴアメリカン、中南米のインディオ、オーストラリアのアボロジニは共にヨーロッパが植民地とした地域の先住民だった。また、ヨーロッパ人は彼らを科学的そして宗教的に人間として扱わなかった。彼らの多くは動物並みの労働を要求され、奴隷として扱われた。征服者の狙いは広大な土地と鉱物などの資源であった。それを手に入れるには征服者は手段を選ばず、差別や虐待を行った。先住民には地の利もあり、黒人奴隷よりも抵抗する術をもっていたとも考えられる。しかし、比較的抵抗の少ない黒人奴隷に対しては、虐殺するような野蛮で、非道な行為はなかったようだ。

（1）先住民族ネイティヴアメリカン

ネイティヴアメリカンは歴史的に北米大陸で広く部族社会を形成していた。そして、彼らは入植したイギリス、フランスなどの白人に土地を奪われた。さらに、アメリカ合衆国独立後はその西漸運動に圧迫され、居留地に押し込められた。一四九二年コロンブスの新大陸発見後、宗教弾圧から逃れた清教徒（プロテスタント、実際は浮浪者）が大挙してヨーロッパからアメリカに移住した。そして彼らは原住民ネイティヴアメリカンを搾取・奴隷化し、彼らの土地を奪い取った。ヨーロッパ人がアメリカの大地を征服、侵略する以前は、当然ネイティヴアメリカンのものだった。このため、入植者白人と原住民ネイティヴアメリカンとの戦いが激しくまた長きにわたり、両者の多くは大きな被害、損失を被った。これはヨーロッパ人が、黒人奴隷よりもむしろネイティヴアメリカンの方に虐殺などの残忍な行為を行うことが多かったことからも伺える。

西漸運動は歴史上アメリカが植民地であった一七世紀から一九世紀末にかけて、東部から西部の未開拓地フロンティアへの白人による定住地の拡大、移住の動きだった。その運動は入植してきた白人の征服者が先住民族ネイティヴアメリカンの追放や殺害、および彼らの土地奪取の過程だった。アメリカは、現在、世界有数の農業大国であり、世界最大の農作物の輸出国でもある。その中には、国家の戦略物資である穀物や綿花が含まれ、これを武器に世界の経済や政治に対し多くの影響力を手にしている。それらを生産している土地を、白人が先住民より搾取、略奪した経緯が映画の西部劇になっている西漸運動である。

インディアン戦争（一六二二〜一八九〇年）は白人入植者とネイティヴアメリカンとの間で起きた戦いであった。白人がアメリカに入植してしばらくは手探りの状態であり共存を図った時代であった。争いがあっても小競り合い程度だった。ネイティヴアメリカンが移民に大陸特有のジャガイモやトウモロコシなどの栽培方法を教えたりして、友好的な関係を保った。アメリカの感謝祭は一七世紀にネイティヴアメリカンと清教徒が秋の収穫を共に祝った出来事を記念したものだということはあまり知られていないかもしれない。当時は三〇〇万~六〇〇万人の先住民がいたとされている。

しかしその後、白人移民が増えるにしたがい、彼らはネイティヴアメリカンを奴隷化し、その土地を奪い始めた。争いは大規模化し、さらには白人が持ち込んできた疫病（天然痘）が蔓延し、多くの先住民が死んだ。このような状況下でネイティヴアメリカンは次第に反抗的になり、地理に詳しい優位性もあり戦いは激しくなった。しかしながら、ネイティヴアメリカンの特性として極端な個人主義や高い独立性を持っているために、一致団結した行動がとれず、これが後の白人との戦いに大きく災いしたと言われている。

アメリカの独立（一七七六年）以後の国家的使命は領土の拡大と白人定住地の拡大だった。これにはネイティヴアメリカンを征服し、その土地を奪い取ること以外に選択肢はなかった。征服後は、民族同化政策やキリスト教化を進めた。一八三〇年には、強制移住法を制定しミシシッピ川以東から西部に向かって、ネイティヴアメリカンを排除し追放した。その結果、温暖で、豊潤な南部諸州（ディープ・サウス）が白人のものになった。同時に、綿花プランテーションはイギリスの産業革命の影響もあり、その規模は拡大し、アメリカ経済の基盤となった。その後も、白人のミシシッピ川以西への入植が進み、カリフォルニアやニューメキシコを手に入れ、さらにそこにいたネイティブアメリカンを追い出し、中西部の大平原（グレートプレーンズ）や西部までもが白人の手にはいった。結果、東部から西部にわたる、今日の農業大国の基礎となった大穀倉地帯や農業地帯が出来上がった。その過程で、多くのネイティブアメリカンは居住地を奪われ、不毛の居留地に隔離されるなど劣悪な境遇に置かれた。抵抗を試みたネイティブアメリカンにとっては、侵略者から自分達の生活を死守するための戦いであり、実際に野蛮で残酷だったのは、白人だった。映画やテレビの西部劇とは全く異なっている。勝者の都合の良いところだけ書いているのは洋の東西を問わず同じようである。これらの戦いは最終的には白人の圧倒的な勝利となり、その結果ほとんどのネイティヴアメリカン部族が消滅した。

一九世紀は強制移住と虐殺によるネイティヴアメリカン絶滅政策の時代だった。一説では、この間に多くの先住民が殺され、彼らの人口は一〇〇万人以下になったと言われるほどの惨劇だった。今では、残ったネイティヴアメリカンが居留地で暮らしており、人口は約三二〇万人までに回復している（二〇一〇年アメリカ国勢調査）。強制移住当時の同化政策として、子供たちを劣悪な環境のネイティヴアメリカン寄宿学校に強制入学させたり、部族の宗教を禁止したり、さらにはキリスト教を強制したりした。現在の問題点は、ネイティヴアメリカン居留地における仕事が少なく、社会の最底辺で困難な生活を強いられていることである。

そのため、アルコール依存症や薬物中毒患者が増加し、多くの自殺者さえ出ることになった。これはオーストラリア先住民のアボリジニにもほとんど同様のことが言える。ネイティヴアメリカンの最大の悲劇は、民族としてのアイデンティティーと人権、また彼らの土地が奪い取られたことである。

(2) 中南米の先住民インディオ

諸説あるが、コロンブスの到来時、先住民は南北アメリカで約四〇〇〇万～一億人にいたとされる(矢ヶ崎 一九九五)。また、中南米だけで約二〇〇〇～七〇〇〇万人以上と推定されている。メキシコやペルーでは農耕や牧畜が、アマゾン川流域では漁業と焼き畑農業が中心であった。さらに、トウモロコシ、サツマイモ、ジャガイモなどが栽培され、マヤ、アステカ、インカ文明などの高度な文明圏が構成されていた。しかし、一五二一年にコルテスによって、アステカ王国が滅ぼされ、一五三三年にはピサロによりインカ帝国が滅んだ。征服者による文明破壊のみならず、インディオの人口も急速に減少した。これはヨーロッパからもたらされた病原菌も一因となったが、エンコミエンダ制による強制労働が主な原因とされている。[5]

カリブ海域では三〇〇万人のインディオの人口が三〇年間に一〇万人、アステカ王国のメキシコでは二五〇〇万人が一世紀の間に一〇〇万人に激減した。また、インカ帝国では五〇年間に一二〇〇万人が二四〇万人に大幅に減少したと言われている。これはインディオを人と見ず、動物のように拷問、殺害し、破滅に追いやったためとされている。また、前記に述べたように、スペイン植民地政策のエンコミエンダ制が主な要因とされている。すなわち、キリスト教の教化を条件に現地人労働者(インディオ)を実質的に奴隷として使役することを可能にした農園経営形態である。これによりインディオの人口は激減した。

これ以後はインディオの減少を補うべく、アフリカからの黒人奴隷を労働力とした、アシエンダ制に移行することとなった。キリスト教の布教とその保護はすべてに優先され、インディオに対し強力に進められた。しかし、それはアメリカにおけるネイティヴアメリカン絶滅の様な強硬な政策には至らなかった。それが今でも多くのインディオが生存している要因かも知れない。キリスト教の教化は押し進められ、現在では、インディオをはじめ多くの国民がカトリック教徒になっている。インディオは黒人奴隷とは異なり、それほど従順ではなかったようであり、この点はネイティヴアメリカンに似ている。しかし、征服者によってその対抗措置は異なる。それは、征服者がアングロサクソンかラテン系かという民族の違い、またはプロテスタントとカトリックかという宗教の違いによるものかもしれない。

(3) アボリジニ

オーストラリアのアボリジニの生活はヨーロッパ人による植民地化以前から洞窟を住居とし、一定範囲を巡回しながら食料を得る狩猟採取型だった。西洋人がオーストラリアを発見した一八世紀末の時点では五〇〜一〇〇万人のアボリジニが生活し、部族が七〇〇以上あったとされている。イギリスは一七八八年オーストラリアを植民地化した。当初のイギリス移民の多くは、流刑囚だった。また、一部のヨーロッパ人は、今では考えられないようなスポーツハンティングとして、多くのアボリジニを虐殺したといわれている。東部沿岸にいたアボリジニは、イギリス移民としばらくの間、平和関係を保っていた。しかし、彼らは後の保護政策に名を借りた強制移住で多くは姿を消した。

二〇世紀中頃から白人社会に同化させる方針により、彼らは遠く離れた保護区域に移住させられた。これは人種隔離政策的な性格を持っており、徹底的な人種差別政策、すなわち白豪主義をもって、アボリジニへの弾圧政策と移民の制限を進めた。子供や混血児は親元から引き離され、強制収容所や孤児院などの隔離施設であった監獄ともいえる収容所に送り込まれた。アボロジニも全く無抵抗ではなかったが、大きな暴動もなかった。また、アボリジニは、不毛な乾燥地域である内陸部で、厳しい自然環境にもかかわらず、固有文化を維持し続けた。彼らは文字文化を持たなかったが、多くの壁画や美術品を残していた。アボリジニの市民権は一九六七年に認められ、人口も回復し、今では約八〇万人と総人口の約3・3％となっている（二〇一六年オーストラリア統計局）。

信仰は自然崇拝や精霊が存在するというもので、先住民の聖地が多くあり、エアーズロックもその一つである。そして、彼らにはもともと飲酒文化はなく、白人が持ち込んだ酒に興味を持ち、そのことが大きな社会問題となった。ネイティヴアメリカンと同様に隔離政策と飲酒が社会復帰の妨げになっている。彼らはネイティヴアメリカンやインディオほど戦闘的ではなく、比較的に従順だった。戦闘武器の差が余りにも違っていたのも事実だった。白人はこのオーストラリアでも広大な土地を得るために、先住民を差別、虐殺、隔離、また同化していった様子は、ネイティヴアメリカンへの白人の行動と残念ながら全く同じだった。その獲得した土地の多くは今では綿花畑となっており、品質面で世界的な評価を得ている。オーストラリアは砂漠が多く、水資源が少ないために農作物の生産も限られており、アボロジニへの労働力としての期待はなかったようだ。

五　黒人奴隷解放後のアジア系移民

一九世紀後半から二〇世紀初頭にかけて、ヨーロッパやアメリカで奴隷制度が廃止された。そのため、アメリカや中南米をはじめ世界中で労働力が不足し、欧米諸国は中国人やインド人を中心とした移民や出稼ぎ労働者に目を付けその労働力を売買した。彼らはインドの貧民層や中国のアヘン戦争後に難民になった貧困層だった。中国では苦力（クーリー）と呼ばれていた。彼らの移動はアメリカ大陸、豪州、東南アジア、中南米、アフリカ、ロシアなど、世界各国で見られた。人数的には中国からカルフォルニアだけで一〇万人以上、オーストラリア、マレーシア、マダガスカル、ロシアなどにそれぞれ一〇万人以上が労働者として移動したといわれている。その多くは、アメリカ大陸横断鉄道やシベリア鉄道建設にも従事した。その扱いは、奴隷同然だった。これは、近年、黒人以外の人種や民族が海を渡って奴隷同様に扱われた一つの例である。世界中に中国人やインド人の街やコミュニティがあるのは、それらの子孫や華僑・印僑の活発な商業活動の結果でもあり、世界中で中国人やインド人の存在が大きい理由でもある。

六　綿花栽培に関わる児童労働と強制労働

米国農務省によると、児童労働（チャイルド・レーバー）や強制労働が中国、インド、パキスタン、中央アジア、ブラジル、トルコなど一八ヶ国の綿花生産プロセスで存在するとの報告がある。特にウズベキスタンの強制労働、児童労働が問題となっている。綿花耕作はきわめて労働集約型であり、さまざまな労働が含まれる。

まずは、畑の掘り起こし、種まき、肥料の散布、灌漑（水の散布）、除草作業、人口授粉（ハイブリッド種）、殺虫剤の使用、除草剤の散布、綿花の摘み取り、そして綿繰り工場への搬入などが挙げられる。この中で一番過酷なのは、炎天下で棘のある綿の殻から繊維であるワタを摘み取ることである。インドにおける人口授粉作業はたいていの場合、女子児童が行う仕事になっている。また、綿花の摘み取りもインドや中央アジアでは女性や児童労働に頼っている。アメリカではその厳しい労働を、アフリカから連れてきた黒人奴隷に頼ったのが綿花の歴史の裏側である。

ここでは綿花栽培と衣料の縫製における児童労働を簡略に取り上げる。児童労働は年齢一五歳未満の労働と、一八歳未満の危険で有害な労働を指す。国際労働機関（ＩＬＯ＝International Labour Organization）第一三八号と一八二号によると、その内容は（一）義務教育を受けることを妨げる（二）健康的な発達を妨げる、（三）有害で危険な労働を禁止、（四）子供を搾取する労働の禁止等となっている。また、児童労働撤廃は、持続可能目標（ＳＤＧｓ）目標八、すなわち「働きがいも経済成長も」に含まれており他の目標より五年早い二〇二五年までの目標達成が掲げられている（朝日新聞二〇二一年六月一二日）。

児童労働は多くの開発途上国が抱える問題で、その規模は世界的である。ＩＬＯによると二〇一六年時点で約一億五千万人（二〇〇〇年には二億五千万人いたとされ大幅に減少している）が存在し、産業別では、綿花栽培を含む農水産業が七割、サービス業が二割となっている。児童労働の大きな原因の一つとして貧困が挙げられる。子どもを親元から引き離し、無理やり働かせる人身売買は、ＩＬＯが最悪の形態の児童労働と位置づけ、国際法で禁止されている。

ちなみに、児童労働がなされているのは、統計上、大半がコーヒー、ゴム、タバコそして綿花畑などのプランテーションや鉱山、次に路上での物売り、そしてバングラディシュで問題になった縫製工場が挙げられる。また、タイやミャンマーの加工工場などでも児童労働が行われたことが分かっている。児童労働問題とは異なるが、紛争地帯において多くの子供が兵士になっていることも同様の問題かもしれない。

（1）インドの綿花栽培と児童労働

アパレルのサプライチェーンの上流に位置するインドなどの開発途上国では、綿花栽培の段階で深刻な人権問題、特に過酷な児童労働の問題が起きている。この問題は子供たちに健康被害をもたらし、就学に支障をきたす。インドの耕地はアメリカなどに比べ狭く細分され、灌漑施設が不完全なままで、近代農機具も整備されていない。さらに、綿花栽培は労働集約農業であるため、安価で多くの労働力を必要とし、それを児童労働で賄った。インドではフルタイムで働く五歳から一四歳までの子供は五〇〇〇万人にのぼると言われている（Munsi 2022 詳しくは Lal 2019・Roy 2015）。そのうち約「四八万人以上の子供が綿花畑で働いており、七～八割が女子と推定される」（Indian Committee of the Netherlands/ICN 2015 ＮＰＯ法人ＡＣＥによるレビュー、二〇一〇）。健康被害に関しては、綿花栽培に使用される殺虫剤が農作物の中では最も多い例の一つだと報告されている。[6] 殺虫剤を吸い込んだり、肌に触れたりすると、頭痛や吐き気、呼吸困難などの症状が起こり、時には死に至ることもある。開発途上国における殺虫剤の使用量は世界全体の30％を占め、死亡事故のほとんどが開発途上国で起きている。原因としては農家が殺虫剤に関する知識を持たないことや、散布する際に防護服を着用していないことが挙げられる。

次に労働環境問題が挙げられる。綿花の摘み取りは、昼間の炎天下で長時間行われる。インドではハイブリッド綿の生産過程で人口授粉を行うが、この受粉は日の出前に行われ、大変繊細かつキメの細かい作業で、大人ではなく手先の器用な子供の仕事になっている。これらは、環境的、時間的に大変厳しい状況下で行われている。さらに、問題になるのは子供に就学機会がほとんど与えられていないことである。多くの零細農家は綿花の種子や農薬、および化学肥料を手に入れるために多くの借金を抱かえており、その返済のために児童労働者を長期にわたって雇用している（ベッカート 二〇二二）。また、彼らへ支払われる賃金はきわめて少なく、ほとんど奴隷と変わらない状態で働かされている（巻頭カラーページ図16・1、図16・2、図16・3、図16・4参照）。

（2）バングラディシュの縫製工場での事例

発展途上にあるバングラディシュにおける最大の収入源は織物と衣類である。それは輸出全体の約七割を、また、雇用の五割を占めている。衣料生産は中国に次いで世界第二位になっている。日本や欧米の多くのファストファッション企業がバングラディシュの縫製工場から積極的に買い付けを行なっている。日本の繊維製品輸入依存率は97％になっており、その製品輸入の約半分はバングラディシュ産と言っても過言ではない。人口は一億七千万人で約半数は農業にそして約二千万人が繊維産業に従事している。そのうち、少なくとも二〇〇万人が児童労働者と認められている。国全体では六〇〇万人の児童労働者がいるとされている。かつて、バングラディシュは世界最貧国と言われていたが、近年の経済成長で貧困率は改善された。とはいえ、そこには同国内での地域格差があり、いまだ多くの児童労働者が存在している。

さらなる問題はその作業場が危険かつ劣悪な環境下であり、賃金も低水準である事である。このひどい労働環境は二〇一三年の工場火災や違法建築によるビルの倒壊（ラナ・プラザ）で多くの労働者、特に子供や女性が一一〇〇人以上も亡くなったことからも容易に想像できる。当然、彼らは学校に通える年齢であるにもかかわらず、家族を支えるために、多くは就学できていないのが現状である。世界の繊維産業、とくに繊維製品業界は労務費や工賃が安いところを探し求めている（ベッカート　二〇二二）。世界のトップブランドの買い付け部隊がバングラディシュに集まっていることからも人件費が他所に比べ、低いことが容易に理解できる。特にファストファッションは安価であることが最大の武器である。たとえば、Tシャツは子供や貧しい女子の労働で作られたものがほとんどである。また、この国は児童労働以外にジェンダーによる差別が是正されないことも、世界から非難されている。

（3）ウズベキスタンの児童・強制労働問題の事例

ウズベキスタンは、他の中央アジア諸国（トルクメニスタン、タジキスタン）と同様に世界有数の綿花生産国であり輸出国である。そして、綿花は国家の大きな収入源になっている。そのため、綿花栽培は国家主導で行われており、各地域での生産量の割り当ても強制的に課されている。綿花の栽培に関する仕事（種まき、灌漑、刈り取りなど）は農民のみならず、時には普通の労働者、また収穫時には学校へ通う子供達までが政府の命令で駆り出される。一部の地域だけでも二〇万人以上が駆り出されており、国全体では測りきれないほどの規模になっている。綿花の刈り取りのために子供たちが三ヶ月間にわたって、学校を休まされている事例も報告されている。一方、「一五歳未満の子供が最大で二〇〇万人、綿花畑へ送り込まれているとみられる」との記載もある（ベッカート　二〇二二）。

二〇〇六年以降ウズベキスタン産の綿花を世界的にボイコットする動きがあった。これは児童労働を強制したからである。効果はあったが、ウズベクの綿花は世界の供給量の3％弱を占めるのみで少なく、世界に対する影響力は限られた。しかし、ボイコットにはＥＳＧ（Environment, Society, Governance 環境、社会、企業統治）を重視する投資家からの圧力もあった。

（4）新疆ウイグル自治区の綿花強制労働

島崎は、一九八六年の夏に、ウイグル自治区の首都ウルムチとトルファンを綿花の買い付けと市場調査のために一〇日間ほど訪れたことがある。北京からウルムチまではソ連製のジェット機で約四時間半かかった。当時、中国政府は新疆の綿花を積極的に輸出しようとしていた。ウルムチ空港から車で三〇分位のところに、共産党の迎賓館があり、そこに数日間泊ることになった。この訪問は中国政府の綿花公団からの招待だったこともあり、宿泊先も優遇されていた。滞在中、新疆ウイグル自治区の綿花栽培、摘み取り、梱包状況の説明を何度も受けた。それは、新疆綿は、品質や受け渡し面で他の海外の綿花、特にアメリカ綿と比較して遜色がないので、新疆産の綿花を買い付けてほしいとの売り込みであった。その後、車で砂漠の中をトルファンに向かった。町に着くなりシシカバブの匂いがしてきて、中近東に来た感じがした。町はよく整備されており、天山山脈からの雪解け水を利用したカレーズという地下水路に興味を引かれた。トルファンはウイグル自治区の中東部、天山山脈南麓に位置しているオアシス都市であり、歴史的にシルクロードの要地であった。その最低地は海面下一五〇メートルに達し、中国の最低地でもあり降水量は極端に少なく炎暑の地でもある。そのため、水が乏しいが前述のカレーズと呼ばれる地下水路による灌漑が発達しており、綿花やブドウなど果物の栽培が盛んである。

なお、新疆ウイグル自治区は一九五五年に成立し、現在の人口は約二五〇〇万人、うち45％がウイグル人、漢民族が41％で残りが他の少数民族である。一九八六年当時の人口は一五〇〇万人だったので、三〇年の間に一〇〇〇万人が増えたことになるが、そのほとんどが中国政府の後押しによる漢民族の流入である。

ところで、現在の中国の綿花生産量は六〇〇万トンでそのうち88％が新疆で生産されている。そしてそれは世界生産量の20％に相当し、地域別では世界で群を抜いて多くの綿花を生産している。品質的には、雨の少ない砂漠で栽培され、太陽光は豊富にあり、水は天山山脈の雪解け水を灌漑用水として利用でき、綿花栽培には最も適している。そのため、新疆綿はエジプトのギザ綿やアメリカのスーピマ綿と並んで世界三大高級綿花と呼ばれている。一般的に、綿花栽培で最も労働力を必要とし、かつ過酷な労働と言えば綿摘み作業である。しかし新疆では、アメリカやオーストラリアと並んで機械摘みが進んでおり、それは新疆全体の70％を占めている。機械摘みのメリットは、短時間に大量に摘み取ることができ、異物混入が少ないという品質的な優位性もある。新疆は天山山脈より北が北疆、南が南疆と呼ばれている。北疆ではほぼ全量が機械摘み、南疆では60％が機械摘みのため、手摘みへの依存度は40％未満である。

しかし、一九七〇年代まで、この地域では全量が手摘みであった。そのため毎年八月から一一月の綿摘みの季節には、中国各地（甘粛省、狭西省、河南省、四川省、山東省等）から大勢の出稼ぎ労働者がやって来た。その数は一九九八年には一〇〇万人以上にのぼった。食費、宿舎、交通費などのほとんどの費用は農場が払い、さらに摘み取り報酬は出来高払いで高収入であった記録が残っている。一部では、中国では国家戦略として多くの労働者に仕事を与える必要性から、他の地域では機械の導入を故意に遅らせたともいわれている。その後、これら季節労働者は綿摘み作業がさらに機械化されるのに伴い、二〇一五年には二〇万人以下になった。現状、手摘みに依存するのは南疆の半分以下になり、全国からの労働者を必要とせず、ウイグル族を含めた現地住民だけで十分であり、その収入は他の農作物農場に比べ良い条件になっている。

最近のアメリカの研究機関（Center for Global Policy）によると、二〇一七年から一〇〇万人以上のウイグル族及び少数民族が新疆ウイグル自治区の収容所に送られており（相馬 二〇二〇）、さらに二〇一八年には少なくても五七万人のウイグル族の人々（Al-Arshanai 2020）が強制的な労働訓練を通じて、綿花の収種に従事させられているとの報告がある[7]。そして、米国務省が二〇一九年六月に発表した世界各国の信教の自由に関する「年次報告書」（二〇一八年度版）によると、二〇一七年四月以降、中国政府は推計で少なくとも八〇万人、最大で二〇〇万人以上のウイグル族などイスラム教徒を拘束していると言われている。

また、国際的な綿花畑の認証機関で、数多くの国際ブランドを会員に有する後述のＮＰＯ「ベターコットン・イニシアティブ（ＢＣＩ）」の本部が、二〇二〇年秋に「新疆の綿花農場における強制労働のリスクが高まっている」として、当地での認証活動を二〇二一年度について打ち切ったとの発表を受けて、各国メディアは新疆綿に注目するようになった。[8] それをきっかけに、この少数民族であるウイグル族への強制労働が世界のグローバル企業である大手ファッションブランドを揺るがし、世論を沸かした。強制労働の疑いが注目され、Ｈ＆Ｍやパタゴニアは新疆綿の調達を停止、良品計画は新疆地区の契約農場での行動規範に対する違反を否定（日経新聞二〇二一年四月一四日）、ユニクロは、新疆綿の使用に関する有無の明言を避けている（毎日新聞二〇二一年七月二九日）。現状においては情報開示不足などの問題もあり、断じるのは難しい状況にある。ところで、綿花の調達を巡る問題を取り上げてみると、前述の如く新疆の綿花は世界の生産量の20％を占めており、そしてその多くは原料としてバングラディシュやベトナムなど衣料製造が盛んな国に輸出され、そこで新疆綿を他国の綿花と混綿して糸、織物を生産し、最終的に製品として世界各国に輸出している。このことからも合理的な正確さをもって綿花の供給源を追跡することは困難であり、新疆産綿製品の全面的な輸入禁止は実施不可能と言わざるを得ない。

その後（ＢＣＩの発表）、二〇二一年三月に、ＢＣＩの上海事務所が「新疆ウイグル自治区ではこれまで、一度も強制労働の事例を発見したことはない」との声明を出し、ＢＣＩの本部スイスと対立したコメントを出している（丸川　二〇二二）。さらに二〇二一年四月一九日「ＢＣＩが公式サイトで新疆綿のボイコット声明を取り下げた」と中新経緯が伝えた。また Bloomberg が二〇二一年一〇月一五日に「ＢＣＩは新疆を巡る声明をサイトから削除した」と報道している。このように、新疆の綿花農家における強制労働の存在を主張する欧米と否定する中国の意見が真っ向から対立しており、まさに「米中貿易戦争」が新疆綿花を介して行われている。この問題の解明には、まだ時間がかかりそうである。

ところで、数十万人のウイグル人を綿摘みに従事させているという報道については、前述のように、新疆綿の生産や収穫はかなり近代化、効率化されており、新疆綿と強制労働の直接的な関係は、懐疑的にならざるを得ない。一方、前述の如く、ウイグル族が抑圧されている民族問題やウイグル人の人権を奪う漢化政策が世界的な話題となっている。中国が強引にウイグル族を中国化しようとしているということである。このことは、チベットでも同様の問題が発生している。この強圧的な中国の政策にウイグル族は長年反抗してきた。これを恐れた中国政府は、反抗や独立を求めたり、そのためにテロを起こしたりする勢力を危険分子として「職業訓練センター」という強制収容所に押しこめた。二〇一八年には中国政府はその収容所の存在を認めている（BBC 2019：坂本二〇二一：トゥール・ムハメット二〇二一）。

収容所内では性的暴行、精神的虐待、洗脳教育がなされ、中国語の教育を強制され、拒否すると拷問が待っているとの報道もある。また、前述のアメリカの研究機関（Center for Global Policy）によれば、ウイグル族の人々が一〇〇万人超も「再教育」と称して施設に長期間入れられたと伝えている。その再教育は

「ウイグル人の団結心と国民意識を高めるためである」と漢化政策そのものである。その様な状況のなか、再教育の中の罰則の一つとして過酷な労働である綿花の摘み取りを、収容されていたウイグル人にさせたのではないかと筆者は考えている。なぜなら前述の如く、刈り取り能力は十分あり、無理に強制労働をさせる必要がないのが現状であると思われるからである。

なお、このような収容所での再教育等の方法は、アメリカやオーストラリア政府が少数民族であるネイティヴアメリカンやアボリジニを一〇〇～二〇〇年前に、強制的に収容所や寄宿舎に監禁したことと同じであると思われる。

七　綿花取引とフェアトレード

綿花はアフリカやアジア地域の開発途上国にとって、国家経済や人びとの生活を支える重要な輸出農産品となっている。綿花の国際取引には先進国が有利な不平等な構造があり、開発途上国の多くの生産者は、生産コストを下回る低価格での厳しい取引状況が強いられる場合がある。生産者にとってコストを下げる簡単な手段は、農場で働く労働者の賃金を引き下げることであるが、その影響を最も多く受けるのは前述の児童労働者たちである。これに対する取り組みであるフェアトレード（公正な取引）は、開発途上国の貧困に苦しむ人々の生活を、豊かにすることを目的としている。

フェアトレードは貧困のない公正な社会を作る為に、開発途上国の経済的、社会的に弱い立場にある生産者と先進国の強い立場にある購入者が対等な立場で行う貿易である。すなわち、立場を利用して、生産コスト（公正な値段）以下で強引に買い付けるのを防止する運動である。フェアトレードによって開発途上国の労働者の権利や環境を守り、安定した暮らしや経済的な自立のために適正な料金や賃金が支払われることもそれが前提である。判断基準は①生産者の対象地域、②生産者基準、③トレーダーが守る基準、そして④商品で構成されている。フェアトレードの最も重要な目的は、最低価格（生産コスト）をまかない、かつ経済・社会・環境面で持続可能な生産と生活を支えることである。

フェアトレード・プレミアムは、輸入会社・組織により代金とは別に支払われ、地域の経済的・社会的・環境開発に使われる資金である。対象地域は、主に開発途上国、そして対象産品は、コーヒー、カカオ、果物、ナッツ、お茶、綿花など熱帯・亜熱帯の生産物である。取引業者には、持続的な取引促進、前払いや価格の保証が要求される。これは、変動の激しい国際市場価格はときとして生産コストを大幅に下回るため、経済基盤の弱い生産者の貧困に拍車をかけ、生産を維持できない状況へ追いやることを防ぐためである。この運動はグローバリゼーションや自由経済と相いれない点が多く存在する。あくまでも人権を守ることが最大の課題である。児童労働・強制労働をなくすことはフェアトレード運動が目指す生産者基準の社会的側面の一つである。さらに、生物多様性の保全と向上は環境に関する基準であり、後述のオーガニックコットンと同じ考えである。このように、フェアトレードの取り組みには、経済的、社会的、環境的基準が含まれており、第七章のＳＤＧｓが掲げる一七の目標の多くに関係している。

（1）フェアトレードと綿花取引の事例

綿花取引の多くは、大手の国際綿花取引会社（綿花商社）が綿産国から適正な国際価格を基準として取引されている。したがって、彼らの取引には不当に安い価格で買い付けるフェアトレード問題はほとんど見うけられない。しかし、途上国内の綿花公団や私企業および農協等が不当に安く買い付けているケースは多々見うけられる。これは、農家に国際価格を故意に知らせなかったり、その他の複雑な情報などを交えたりして、綿花代金を実際より低く支払っていることが挙げられる。

たとえば、インドでは、小規模農家からの買い付けは、主に地元のジン屋（綿繰り業者）や農協が行っている。そして彼らが綿花代金を支払う時には、農家には世界の綿花相場を下回った価格で、さらに農薬などの必需品買い付けのために前渡しをした金額や利息などを相殺して支払う。結果、多くの農家は、受け取る金額は僅かで、以前より発生していた借金を返すこともできない状況になっている。これは、明らかにフェアトレードに反した不正取引であり、取引の透明性や公平性が余り求められていない開発途上国の国内取引でよく見られる。そして、前述のウズベキスタン政府による綿花買い付けも、国際取引価格を大きく下回っており、フェアトレードに反している。もっとも、フェアトレードは、生産者のコスト以下での買い付けを避けるために、最低価格は設定されているがこの価格で売れることを保証しているわけではない。なお、綿花取引において生産コストを大きく下回る要因は、後述（第二項）の先進国による農業綿花補助金の給付が大きく関わっており、フェアトレードの問題だけでは、解決できない状況になっている。

(2) 綿花取引の不平等な構造

国際的な綿花取引において、価格が安定せず、さらに綿作農家の生産コストを下回る場合が多くみられる。すなわち、生産者の生活を保障する適正な価格が支払われていないということである。コストを下回る価格では、生産量が増えれば農家の損失がさらに膨らむ結果となり、綿花を唯一の収入源にしている開発途上国の農家にとって、死活問題となっている。綿花の価格は、その年々の天候や生育状況による生産高の変動や世界の政治・経済情勢による繊維や各種事業の需要などが影響し、価格は上下両方向に大きく変動する。そして、綿花の価格を大きく下げる要因として、先進国、特にアメリカ政府による巨額の補助金を綿花生産者に与え、自国農家が非常に安く綿花を売ることが可能になることが挙げられる(詳しくは第五章の七節参照)。さらに、アメリカの綿花国家備蓄在庫が大きく膨れ上がった時にも、在庫を処分するために、政府によるファイヤーセール(Fire Sale = 処分特売、投げ売り)が行われる。これは税金を使って、コストを顧みずに行われる在庫整理であり、その価格は当然ながら国際相場を下回って販売される。その結果、市場価格はさらに下がることになる。これらは先進国(アメリカなど)のエゴであり、価格構成に不平等な構造である。結果、競合する他の綿産国、特に開発途上国の小規模農家が貧困から抜け出せない生活環境に追い込まれている。フェアトレード運動の努力を国家権力でないがしろにしている代表的な例である。

以上を踏まえると、次のように考えられる。現代社会においても、繰り返されている人間の尊厳を踏みにじる行為である奴隷的労働、搾取、虐待、暴力などを観察すると、人権問題と綿花との関係が垣間見える。それは人権が侵害される、また人権が無視される話である。人権侵害が起こる原因として、たとえば黒人奴隷に対する人種差別や先住民族を含めた民族差別、また劣悪な労働環境の中での労働者や子供の健康と人権を阻害する強制労働と児童労働が挙げられる。さらに、各種の人権問題や侵害は偏見からも生まれている。偏見や差別から、優越感や劣等感が生まれ、多くの人はそれらに対し無意識な行動をしているかも知れない。色々な研究がなされているが、これが生まれ持った人間の本能、または生まれた後の地域社会や家庭環境、および教育によるものかは、はっきり述べることはできない。

注

（1）今ではアメリカの総人口約三億三千万人のうち、黒人が約四〇〇〇万人で約13%を占めている。この三〇〇年の間に黒人の人口は約一〇倍になったことになる。

（2）「アメリカは世界で唯一、戦争資本主義と産業資本主義に分断されていた国であり、この独特の性格が最終的に前例のない破壊的内戦の火をつけることになった」（ベッカート　二〇二二年、二八九頁）

（3）US. Census Bureau（２０２１年）によると、人種別は白人―61・6%、ヒスパニック系―16・3%、アフリカ系―12・4%、アジア系―6・0%、ネイティブ―1・1%になっている。

（4）シンクレティズムは、混合主義、習合主義、諸教混淆（コンコウ）すなわち、折衷主義と言われている（詳しくは、Martin ２０００年参照）。たとえば、日本では、神仏習合、中国では儒教・仏教・道教の三教合一、カリブ海、南米では西アフリカの民族信仰とキリスト教（カトリック教会）信仰の混淆である。アメリカ移民のプロテスタントの福音は、このシンクレティズムを避ける傾向にあり、アメリカではキリスト教とアフリカ土着信仰との混合は余り見かけないが、一方、中南米においてはカトリック教会がこの集合・混合に寛容であり、その為混合された崇拝が成り立っていると思える。征服者の宗教であるプロテスタントとカトリックに寄り添いながら、支配している植民地でその違いがうかがわれる。

（5）「世界史の窓」によればエンコミエンダ制（インディオを対象）とアシエンダ制（黒人奴隷を対象）は一六世紀に行われたスペイン王室の政策である。キリスト教布教と引き換えに入植者にインディオに対する強制労働を認めたもの。しかし、その結果急激な人口減少をもたらし、一七世紀にはスペイン人入植者の大土地所有を認め、黒人奴隷の労働力を対象にしたアシエンダ制に置き換わった。

（6）NPO法人ACE（エース＝Action Against Child Exploitation）は世界の子供を児童労働から守る法人である。ACEは、一九九七年に日本で生まれたNGO。これまでにインドとガーナの二八村で二三六〇人の子どもを児童労働から解放し、約一万三五〇〇人の子どもが無償で質の高い教育を受けられるよう貢献してきた。

（7）強制労働の問題として、今でも、中国新疆ウイグル自治区では、宗教的少数派に対する迫害の一部として強制労働で綿花の栽培・摘み取りが行われている実状が指摘されている。

（8）ベター・コットン・イニシアティブ（BCI）は二〇〇五年発足、世界最大の農場レベルでの綿花の持続可能性プログラム、国際的な綿花畑の認証団体である。世界の綿花の二割を占める中国産綿の八割が、少数民族であるウイグル族への強制労働が疑われる新疆ウイグル自治区で生産されているという問題が、世界のグローバル企業を揺るがせている。

第四章　フランスの植民地政策と綿花
――西アフリカにおけるフランス外交の事例を巡って――

フランスとアフリカとの関わりは一五世紀に始まった。そして、世界的に疑念を抱かれるような深いつながりは、一九世紀のアフリカにおける植民地化により始まり、第二次世界大戦後の植民地独立を経て現在に至っている。その政策は、他のヨーロッパ諸国でみられる軍事面以外に、文化の発信や農業分野での技術協力も伴っていた。その中で、特に西アフリカの綿花栽培においては、生産面でも品質面でも世界的な評価を得ることになった。世界的に植民地支配はその支配される国々に多くの負の遺産を残した。しかし、このフランスの協力による西アフリカでの綿花栽培においては本書のサブタイトルにみられる「歴史から経験と記録へ」とつながる歴史的にも評価される植民地政策の一例でもあったと考えられる。

フランスはイギリスに次いで多くの海外植民地を有していたので、海洋国家と思われがちだが、実態は農業大国でもある。農産物輸出額は世界第六位であり、すべての農業部門において生産高は世界の上位一〇位以内に入っている。また、フランスは旧植民地であった西・中央アフリカの農業部門の一つである綿花栽培に官民共に深く関わってきた。近年、それらの輸出量の増加や品質の向上により、特に西アフリカの綿花は世界から注目・評価されるようになった。その背後にはフランスの影があることは、周知となっている。そのため、フランスにはアフリカ綿花の情報収集や営業活動のために、欧米各国の主な綿花商が事務所を開設している。

二〇〇〇年初頭、豊島（株）はアフリカ綿花を買い付けるための駐在事務所をパリに開設していた。そこに駐在していた二人の従業員は、以前フランスの綿花の国有会社に在籍していた生粋のフランス人である。パリに事務所を持った理由は、アフリカ、特に西アフリカと商いをするにはフランスに事務所を持ち、フランス人を雇った方が有利だと言われていたからである。島崎はイギリスで開かれる世界綿花協会の会議に出席する時は、必ずフランスに立ち寄り、アフリカ綿花の情報を得るように務めた。フランスは綿花の生産国や大消費国でないにも関わらず、綿花に関する大きな国際会議が頻繁に開かれている国である。それに出席するために、アフリカ各国の綿花会社や公団そしてそれら政府の幹部がパリを訪れている。こうしたことからも、アフリカの綿花とフランスとのかたい結びつきを窺い知ることができる。

ところで、フランスは、古くからヨーロッパ近隣諸国との領土問題、宗教問題で対立し、戦争、紛争を重ねてきた。フランス外交にとって一番大切な足場はヨーロッパである。そしてその次はかつてフランスが植民地としていたアフリカ、特にサハラ以南のフランス語圏[1]、すなわち西アフリカである。第二次世界大戦後の脱植民地化の過程で、フランスはお金や軍事力などのあらゆる手段を使って、アフリカを自己の勢力下に留めようとした。その結果、アフリカは今でもフランス外交の柱の一つとして重要な位置を占めている。しかし、フランスのこのこだわりに世界は大きな警戒感と疑念を抱いている。フランスにとって、アフリカとの強固な関係は、国連の常任理事国である事、核兵器を持つこと、そしてフランス語によるフランス文化の世界への発信と同様に重要だと言われている。本章は一五世紀以降、他のヨーロッパ諸国の大航海時代の到来に少し遅れて参入したフランスの海外進出とその植民地政策の一つとして綿花を取り上げる。具体的には、いまだに大きな影響力をもつフランスのアフリカ政策は、他のヨーロッパ諸国と異なり、農業政策、特に綿花栽培に注力してきた。そこで、その政策について検証を試みる。なぜならアフリカ綿花と言えば旧フランス領西アフリカ産を指すからである。

一　フランスのアフリカ外交政策と綿花

フランスの外交政策は「英米に追従することなく独立していた」（中村　二〇一二）。前述のように、アフリカ各国にはフランスが植民地としていた頃の既得権益があり、特にフランス語圏である西アフリカはフランスが影響力を維持するための勢力圏である。フランスのアフリカ政策は常にその既得権益を維持しようとしたものであり、アフリカは常に経済分野や後述のODAなど、外交の優先地域であった。また、アフリカへの植民地政策は直接支配政策（直接統治）をとり、本国と植民地との間に強力な絆を築いた。この関係は第四節のアフリカ綿花政策におけるフランス国営企業の設立やフランス企業の出資状況から理解することができる。

フランスと関係の深い西・中央アフリカで生産される綿花は、生産量が多く品質面でも世界的評価がある。それらの国々の中から、伝統ある世界綿花協会の理事に一〜二人のアフリカ人が選ばれている。彼らはフランスに本部を置く綿花国営会社の指示により会議に参加している。理事に選ばれるのもフランスの後押しがあってのことだ。彼らの会議での発言内容はフランス政府の考えを代弁していたようだった。このような代弁はヨーロッパ人がよく使う手段で、ＩＯＣやＷＨＯその他の世界の機関でもよくみられる。彼ら国営会社は、会議などの表舞台には出ないが、実質の権限は握っている。

ところで、フランスは植民地時代から、アフリカ諸国や現地企業と密接な関係を築きあげており、それらが綿花生産に大きく寄与していたことは事実である。ここでは、フランスのアフリカ諸国への進出やその綿花の権益を手にした過程を探っている。

（1）アフリカの植民地化とベルリン分割会議

七世紀以降、西アフリカの内陸地域や東アフリカの海岸地域はアラブ世界との交易で繁栄していた。一六世紀までの千年の間に、黒人諸王国が存在していた。たとえば、ガーナ王国、マリ王国、ソンガイ王国、ベニン王国などがある。また、東アフリカの海岸地域では現地とアラブの文化が融合したスワヒリ文化が生まれていた。一五世紀に、レコンキスタを達成したポルトガルがアフリカに進出した。しかし、それはアフリカ大陸の西海岸に限られ、その支配は内陸部までは及ばなかった。

ポルトガルがアフリカ大陸への支配拡大をやめたのは、コストに見合う利益がなかったからだと言われている。そして、もっぱら新大陸で必要とされた商品としての奴隷を輸出することに重きを置いていたからである。奴隷貿易の最盛期を過ぎた一八世紀後半から、ヨーロッパ列強国によるアフリカ内陸部への探索やキリスト教布教の活動が始まり、内陸部の豊富な資源の存在が確認された。ヨーロッパでは一九世紀に入ると産業革命が進み、同じころに奴隷貿易が禁止された。また、ヨーロッパ諸国はアフリカを今までの奴隷や、象牙などの珍品の供給元ではなく、工業用資源の供給地、さらに工業製品の販売市場として囲い込み、アフリカへの植民地支配を全面的に目指す政策に大きく転換した。植民地の方が経済的に見合うため、ヨーロッパ各国はアフリカを植民地にしようと壮絶な争奪戦を開始した。

一九世紀後半に入ると、ヨーロッパの新興工業国であるイタリア、ドイツ、ベルギーなどがアフリカへの進出を試み始めた。そのことにより、古くからの進出国であるポルトガル、スペインそしてイギリス、フランスとの間で境界を巡る衝突が起こるようになった。さらに、アフリカでの権益を巡る、ヨーロッパ各国の争いも激化した。そこで、ドイツのビスマルク首相はアフリカにおける列強の利害を調整する会議を提唱し、ヨーロッパやアメリカなど一四ヶ国が参加したベルリン＝コンゴ会議が一八八四年に開催された。そこで、アフリカ分割の大原則が決められた（巻頭カラーページ図17参照）。それにより、列強によるアフリカの植民地化は急速に進み、第一次世界大戦直前には独立国はリベリアとエチオピアだけになった。なお、リベリアはアメリカの解放奴隷が入植し、一八四七年に独立していた。植民地化の先導をしたのは、主にイギリス、フランス、ポルトガルだった。イギリスはエジプトと南アフリカの二つの拠点から大陸を南北に貫く様に植民地を拡大し、これは大陸縦断政策と呼ばれている。一方フランスは、サハラ砂漠、西アフリカ、赤道アフリカからジブチへと、大西洋から紅海、インド洋にいたる東西に植民地を拡大する大陸横断政策を推進した。

この分割には、人種的に白人には優越性があり、有色人種には劣等性があると考えた差別感が根底にあったと思われる。これにより分割された植民地の構成は第一次世界大戦まで続き、ドイツの敗戦でその植民地の多くは、イギリス・フランス領に分割された。この様な分割は、アヘン戦争後の中国で起きた西欧諸国による支配構造とも類似している。

（2）アフリカ諸国の独立と新たな支配形態

第二次世界大戦後の一九五〇～六〇年代にアフリカ諸国は次から次へと独立し、植民地問題は終わりを告げたように見えた。しかし、南北問題、南南問題という形で、旧植民地の開発の遅れや経済不安、財政不安、民族対立などからくる政治不安が続いていた。そこで、第四節に後述しているように、先進国が保護や援助という形で間接的な支配を維持しようという新植民地主義「ネオ＝コロニアリズム」が台頭してきた。

旧植民地や新植民地主義の下ではいまだに、①公用語はヨーロッパ宗主国の言語を使用し、②政治は宗主国が決定権を持ち、③文化は軽視され、④経済は宗主国が必要とする一次産品の生産のみを奨励されている。すなわち少数の作物と資源の生産に依存するモノカルチャー経済の形成を強制された。たとえばそれには、天然ゴム、鉱山資源、カカオ、落花生、綿花などが挙げられる。

二　フランスの海外進出と植民地化

フランスの海外進出は、一五世紀に西アフリカで始まった。そして、その後のフランスによる本格的な海外進出や植民地化は、次の二つに大きく分けられる、まずは一六世紀の北米、その後のカリブ海諸国や南米への進出、一七世紀のインド、一九世紀のインドシナ半島、中国大陸などアジアへの進出や植民地化であった。これらの新大陸、インド、アジア諸国とフランスとの関係は、アフリカに比べ、今では希薄になっている。もう一つは、一八〜一九世紀のアフリカ大陸への本格的な海外進出、植民地化である。この関係は、植民地や脱植民地の時代から一〜二世紀の時を経ても深くつながっており、今でもフランスは西アフリカ諸国には大きな影響力をもっている。

(1) アメリカ大陸、インド、インドシナへの進出と植民地化

アメリカ大陸におけるフランスの最初の進出先は、一六世紀初めカナダのセントローレンス川探検以降のヌーベルフランス領だった。しかし、この進出は、一六世紀後半のユグノー戦争[2]で一時頓挫した。本格的には一六〇五年のアカディア植民地であるポート・ロワイヤルであり、その後一六〇八年にはケベック州が創設された。そして一六九九年には、ミシシッピ川流域のルイジアナ植民地が樹立された。しかし、実効支配はメキシコ湾沿岸のモービルやニューオーリンズなどの数少ない交易拠点に過ぎなかった。一七

一三年のユトレヒト条約[3]やパリ条約にて一部領土を失い、その他をアメリカに売却して、北アメリカの領土を失った。一方、フランスはカリブ海の西インド諸島にも一七世紀中頃には植民地を持っており、さらには南米大陸への進出も活発で、フランス領ギアナに植民地を創設していた。しかし、一七六〇年代までに、イギリスにより海上覇権が奪われたため、アメリカ大陸から撤退した。一八〇四年にはハイチの独立もあり、カリブ海からも撤退を余儀なくされた。

フランスによるインドへの最初の進出は一五二〇年代だったが、実質的にはフランス東インド会社創設の一六六四年だった。この会社はインド西部や東部に商館や要塞を作り、木綿や胡椒の輸入をしていた。ここでもイギリスとの覇権争いをしており、一七五七年のベンガル地方でのプラッシーの戦いでイギリス東インド会社軍に敗れた。その結果、フランスはインドでの主導権を失い、フランス東インド会社は解散し撤退した。実際は、フランスとインドとの交易は限定的であり、実害はなかったようだ。フランスのアジア交易の拠点は当初からマダガスカル周辺の島々だったからである。

インドシナには一八五八年フランス宣教師団の保護を目的に遠征軍を派遣しベトナム南部を占領した。フランスは一八六三年カンボジアを保護下に収め、一八八四年の清仏戦争の勝利後、一八八七年にインドシナ連邦が樹立された。一八九九年には、ラオスを保護国化して、インドシナ連邦が完成した。当初、インドシナ植民地に対して、鉱山業に投資を集中させたが、後にメコンデルタでの稲作プランテーションも拡大させた。そして、米や石炭を本国に輸出していた。一方フランス本国からの輸入は、繊維製品が主だった。その後、一九四一年の日本軍の進駐でフランス領インドシナ連邦は解体された。第二次世界大戦後の一九四六年にフランスは植民地支配の復権を試みたが、ベトナムの独立運動組織であるベトミン率いる民族闘争が起き、第一次インドシナ戦争でフランスは敗退した。一九五四年には完全撤退し、ベトナムが独立した。ラオスは一九四九年、カンボジアは一九五三年に独立している。これらの地域は、現在も引き続きフランスとの繋がりはあるが、アフリカに比べ、その関係は希薄化している。

(2) アフリカへの進出と植民地化、ならびに独立

フランスは、一六世紀より海外進出や植民地として関係をもったアメリカ大陸やインド、インドシナに比べ、前述のように、アフリカ、特に西アフリカに対しては現在でも経済的・政治的に大きな影響力を持っている。これはフランスの外交が引き続き、アフリカに注力していたことによるものである。アフリカへの進出は、他のヨーロッパ諸国（スペイン・ポルトガル）に少し遅れ、一六六四年にセネガルに商館を建てたのが、その始まりだった。ここでの主な仕事は、黒人奴隷の新大陸への積み出しだった。

一九世紀に入ると、ヨーロッパ諸国のアフリカの分割、植民地化が急速に進み、フランスはイギリスと同様に多くの植民地を手に入れた。イギリスがアフリカ東海岸や南部地域を主として進出したのと異なり、フランスはアフリカ北部、西部、中部を次第に植民地化し、その地域を拡大した。手に入れた広大な植民地は、現在のモーリタニア、セネガル、ギニア、マリ、コートジボアール、ニジェール、チャド、中央アフリカ、コンゴ共和国、マダガスカル、ジブチが含まれる。一九一一年にはモロッコも保護国となった。そして、第一次世界大戦では約五五万の植民地兵がフランス戦線に動員されたようだ。また、人手不足と

なったフランス国内には、アフリカ、特にセネガルからは二〇万人以上の労働者が送られてきたとの記録もある（ウイキペディア2022）。しかし、一九四五年の第二次世界大戦終了後に、多くのフランス植民地が独立した。

これらの植民地のうち、アルジェリアでは一五〇年間にわたるフランス支配の間に定住したヨーロッパ系住民が多数住んでおり、フランスは当初アルジェリアを独立させない方針だった。しかし、アルジェリア戦争が長期化、国際問題化し、一九六二年に独立を認めざるを得なくなった。その他、多くの仏領アフリカの植民地は一九六〇年前後に相次いで独立したが、フランスは今でも、それらの国々へ大きな影響力を持っている。特に、農業分野における金融・技術面での援助は、他のヨーロッパ諸国に比べ大きく、その中で綿花に関しては、栽培・買い付け・販売など、現地の様々な政府系会社・公団を通じて影響力を保持している。一方、この援助の仕方は、次の第三節に述べるように、CFAフランと同様、新植民地主義的な色合いが濃く、脱植民地化を経てもなお、独立国に対し支配を維持しているとの批判が強い。このようなネオ・コロニアリズムはアフリカとフランスの関係に限ったことではなく、南北・南南問題として先進国と開発途上国との間に存在する大きな問題となっている。

三　アフリカの綿花と生産量

前述のごとく世界の主な綿花の生産国は広大な土地と温暖で太陽光の豊富なインド、中国、アメリカ、

表２　アフリカの地域別綿花生産量（ICAC 2020 年）

地域	生産量（千トン）	割合
西・中央アフリカ（ベニン、マリ、コートジボワール、など 11 ケ国）	1,290	67%
南・東アフリカ（タンザニア、ジンバブエ、エチオピア、など 12 ケ国）	420	22%
北アフリカ（エジプト、スーダン、２ケ国）	210	11%
計　25 ケ国	1,920	100%

ブラジル、アフリカである。生産量は気候や綿花相場の変動で大きく左右される。この中で、アフリカの生産量約二〇〇万トンは世界全体の約８％を占める。また、その輸出比率は、他の綿産国と比べ非常に高く、西アフリカでは生産量の約85％、アフリカ全体では約75％が輸出されている。その数量は世界の約16％を占め、約三〇億ドルに相当する。綿花の生産者は二〜三〇〇〇万人、間接的には二億人以上が従事しており、アフリカ最大の輸出農作物である。なお、輸出比率が高いのは、現地に、紡績、織布、縫製、電力などの加工設備や工場がなく、さらに旧宗主国の思惑があったことも理由に挙げられている。しかし、最近では、グローバリゼーションの影響もあり、西アフリカや南アフリカの一部の国々には、自国による縫製品の製造や欧米の紡績や縫製業者の進出が始まっている。表２はアフリカの綿花生産国と地域別生産量を示している（表２参照）。

（１）アフリカ全域で栽培される綿花

アフリカ諸国五四ヶ国のうち、約半数が綿花生産国である。これは綿花栽培に必要な温暖な気候、ふんだんな太陽光、豊富な水・雨量があることに起因している。特に西・中央アフリカには、ニジェール川が流れており、雨水（年間降水量八〇〇～一四〇〇㎜）以外にも豊富な水資源があることも農作物の生産量が多くなっている要因である（正木　二〇〇七）。このほか、綿花栽培に関して旧宗主国であるイギリス、そして特にフランスによる技術的、財政的な援助や支援は生産量を維持・拡大してゆく決定的な要因となっている。

綿花は戦略物資の一つであり、イギリス・フランス両国は、アフリカ産の綿花に関しても世界に影響力を持っている。主に南・北アフリカはイギリス、そして西・中央アフリカはフランスの植民地だった。そのため、アフリカの綿花生産国のほとんどが、この二ヶ国の影響を受けている。この中では、北アフリカのエジプトが高品質な超長綿を生産しており、エジプト綿は綿花の代名詞にもなっている。また、近年では西アフリカの綿花が品質改善により世界的な評価を受けることになった。アフリカでは、現在も機械化が進んでおらず、植え付けや刈り取りは、労働集約型で人の手で行われている。このため、繊維に傷がつかず良質の糸ができる一方、人手を多く介するため、異物混入が製品段階での問題となっている。

（2）フランスのアフリカ政策からみた綿花と経済体制

フランスは、植民地時代から積極的にアフリカの農作物の栽培を奨励してきた。主なものとして、綿花、トウモロコシ、ソーガム、ミレット、ササゲ、米が挙げられる。このような多くの農産物の生産を維持できるのは、前述のごとく、西・中央アフリカでは降水量が多く、また大きな川があり、水が豊富であったことにも起因している。二〇二〇年の統計では（表2）これらの地域の綿花生産量は全アフリカ生産量の七割の一三〇万トンを誇っている。これは世界生産の5％強、輸出は12％を占め、品質も良く多くの国々から引き合いもあり、これらの国々にとり大切な収入源になっている。また、西アフリカにおける綿花輸出に占める割合は輸出する鉱物や原油の値段によって異なるが、全体の約14～40％を占めている。すなわち、西・中央アフリカの輸出収入の約30％、農作物輸出の60％を綿花が占めている。しかし近年、これらの地域では、金や原油の輸出が増加し、綿花の地位は国によっては下がっている場合もある。とはいえ、引き続き安定的な収入源になっている。

アフリカにおけるフランスの統治は、政治的にフランス領西アフリカ（ＡＯＦ、一八九五年編成）とフランス領赤道アフリカ（ＡＥＦ、一九一〇年設立）の二つの統治機構に分けて進められた。具体的に言えば、フランス領西アフリカはモーリタニア、セネガル、ギニア、コートジボアール、ベニン、マリ、ブルキナファソ、ニジェールの八ヶ国、フランス領赤道アフリカは、コンゴ共和国、ガボン、中央アフリカ、チャドの四ヶ国である。また、経済的には八ヶ国が参加する西アフリカ経済通貨同盟（ＵＥＭＯＡ）と六ヶ国が参加する中央アフリカ経済通貨共同体（ＣＥＭＡＣ）の二つの通貨同盟が存在する。このように、フランスとこれらの国々は、政治及び経済面でしっかり結びついている。さらに軍事面や文化面も同様である。この同盟は、植民地が独立した後もこれらの国々をフランスの経済圏におき、フランスの影響を存続させるためのシステムでもある。

（3）綿花栽培、雇用、外貨収入

綿花栽培はアフリカの輸出において直接的・間接的に農村雇用や外貨収入に大きな役割を果たしている。また、多くの農村家庭では綿花が唯一の現金収入源となっている。次に掲げる例は西アフリカの代表的な綿花輸出国の概要と農村雇用を示したものである。

①ベナンの綿花の生産は年間三二万トンであり、ほぼ全量が輸出され、それは総輸出の45％を占めている。他にはパーム油用のアブラヤシや果物があげられる。雇用の大半が農業に依存しており、その45％が綿花栽培従事者である。近年、綿花部門を一元的に管理していた国営企業Sonapra（農業促進のための国営企業）が解体され、生産者や綿繰り業者が綿花部門を監督するようになった。そして、国もその立て直しを図り、生産量を倍増の六〇万トンにまで引き上げる目標を掲げた。

②マリの綿花生産は三一万トンで、その輸出金額は総輸出の15％である。金が輸出額の大半の70％を占めている。綿花栽培は、一九世紀後半にフランス政府によって推進され内部デルタで進められた。綿花栽培による雇用は四〇〇万人に上り、労働者の20％を占めている。綿花部門は、一九七四年にフランスの国有会社ＣＦＤＴ（繊維開発のためのフランス国営企業）から業務を引き継いだ後、ＣＭＤＴ（繊維開発のためのマリの国有会社）が管理していたが、現在では民営化されている。綿花栽培は一九九〇年代以降好調を続け、農民の多くが従事する綿花生産がマリの政情安定を支えたと言われている。また、最近では、綿花栽培における化学薬品（殺虫剤）や化学肥料の使用を大幅に減らしたとして、環境面でも世界的評価を得ている。

③コートジボアールは、歴史的にアフリカ有数の綿花生産国であり、年間二二万トンを生産している。綿

花生産農家は約七〇万戸（二五〇万人）で、人口の約10％が従事している。農業に適した自然環境があり、カカオ豆の生産も盛んで、その輸出は世界一である。その他、ナッツや果物、天然ゴムの輸出も伸びている。農業従事者は人口の50％で、GDPの30％を占めている。最近では、石油・石油製品、金などの輸出が多くなっており、そのため、綿花輸出は全体の15％と相対的に低くなっている。一方、政府による繊維産業育成や外貨獲得のため、他の諸国に先行して綿花栽培から紡績・織布・プリント工程まで一貫した事業にも取り組むようになった。

④ブルキナファソでは綿花の生産は年間二一万トンで、総輸出額の20～40％を占め、金に次いで二番目の地位を占めている。マリなどのフランス領アフリカ諸国と同様にCFDTと国が出資するSOFITEX（繊維のブルキナファソ会社）が綿花部門での取引を独占していた。しかし二〇〇四年に民営化されFASO COTTON、SOCOMA、SOFITEXの三社が綿花を管轄するようになった。そのどれもブルキナファソ綿花生産者組合が資本を所有している。なお、綿花栽培には労働人口の25～30％にあたる約二五〇万人が従事している。

⑤なお、フランスと歴史的に深い関係のあるセネガルは、他の西アフリカ諸国に比べ、綿花の生産は大変少なくなっている。農業の生産品目は、ピーナッツ、トウジンビエ、綿花、米の順になっている。特にピーナッツの栽培は、フランスが植民地時代に持ち込んで栽培を奨励したこともあり、一時は労働人口の90％が従事する規模だった。

（4）西・中央アフリカにおける共同通貨CFAフラン圏綿花生産国

これらの地域（主に旧フランス植民地）の綿花は品質面でも高く評価され、生産量や輸出量も世界的に大きな地位を占めている。そして綿花は重要な輸出農産物であり、大切な外貨獲得源である。この地域は通貨から見て、CFA（Communautés financières africaines＝セーファー）フラン圏と言われている。通貨としては西アフリカ諸国中央銀行（BCEAO）と中央アフリカ諸国銀行（BEAC）発行の二種類がある。両者の通貨としての価値は同じだが、相互には用いられていない。通貨（Franc CFA）そのものは、一九四五年に創設された。CFAフラン体制は、フランスとアフリカ諸国とをCFAフランを媒介とする通貨同盟であり、フランスと旧仏領アフリカ植民地諸国との間に一九五八年に設立された。

一九九四年までは1フランスフラン＝50CFAフラン、それ以後は1フランスフラン＝100CFAフランの交換レートを維持し、フランスの通貨がユーロに変わった後もユーロと固定相場（ペッグ制）を保っている。この通貨体制については、フランスが無制限にCFAフランの通貨価値を保証しているため、地域の金融や通貨の安定性に寄与したとの評価がある。一方、CFAは植民地時代の遺物であり、フランスの新植民地主義の代表例との批判が出ている。CFAフランの仕組みでは、上記の二つの中銀（BCEAOとBEAC）の外貨準備高の50％をフランスの国庫に保管せねばならず、残りが中銀で管理される。さらに紙幣はフランスで発行され、フランス政府が為替レートを管理していることも批判の的になっている。すなわち、このシステムにより、アフリカ諸国がフランスによって経済支配されて植民地状態にあり、これは主権に関わる問題だと非難されているのである。貨幣的隷従とも言われている。近年、アフリカ諸国がＣＦＡフランとは別に、自らの通貨（ＥＣＯ）[4]を発行しようと合意をみたが、二〇二〇年の導入予定は最後の段階で見送られた。やはり、見えない手が動いているのかもしれない。フランスのアフリカ政策の基本は、①フランス軍の駐留、②ＣＦＡフラン圏の維持、および③援助だと言われている。

ところで、ＣＦＡフラン圏の綿花産業は、アフリカにおける経済的成功例である。過去二〇～三〇年間、これらの地域の生産量は二～三倍以上に伸びている。また、これらの国々は国連等の協力もあり、化学薬品の使用を大きく減らすなど環境保全にも努め、品質面や環境面でも世界で評価されるようになった（Agbohou 1999）。一方では、綿花栽培は天候に大きく影響されるのに加え、国際市況の低迷や通貨問題（ドルや現地通貨）、先進国の自国農家への補助金援助等の外的要因、および生産技術や品質向上などの数々の課題を残している。このような多くの課題を、独立して間もない国々が解決するには、まだ宗主国の援助が必要だった。そのため、独立した後も、様々な形で旧宗主国と旧植民地の関係が続いている。その代表的な例がアフリカにおけるフランス系企業の存在であり、経済的にはＣＦＡフランがあげられる。ＣＦＡフランの有効性には疑問があり、その消滅や存続などの議論がなされてきた。しかし、それに代わる良い案が見つからないのが問題である。このような状況において、フランス政府の綿花栽培、販売、輸出等への強い関与がフランス系企業やＣＦＡフランを通じて窺い知ることができる。

四　アフリカの新植民地主義（ネオ・コロニアリズム）

一九五〇～六〇年代、アフリカ諸国が独立し、植民地主義が消滅したかのように見られていた。しかし、時を同じくして姿を変えた新しい支配体制、すなわち新植民地主義が構築されてきた。新植民地主義とは、独立した旧植民地や他の地域に対する新しい形の支配政策である。それは露骨で直接的な支配ではなく、政治的には独立を認め、経済的支援や軍事同盟を通じ実質的な支配をすることである。

たとえば、フランスは、アフリカ諸国の独立を認めるにあたり、原料や一次産品へのアクセスと特恵的な貿易を認めさせた。さらに、巨額の経済援助を約束したうえで政治的に独立を与えても、旧宗主国が経済的実権を握っている事実上の支配である。経済不安や民族対立からの政治不安に対し、旧宗主国が保護や援助を与える間接的支配でもある。その背景には欧米や中国の多国籍企業が資源を確保し、市場での優位性を獲得したり、またそれを拡大する意図が見え隠れしていることへの警戒心の表われである。

文化面では、多くのフランス人専門家がアフリカ各地に派遣され、教育や行政分野の整備など技術協力に従事していた。この派遣されたフランス人は、最盛期には一万五千人に及んだとの報告がある。この結果フランス系企業が、金融、農産物、鉱物資源、流通などにおいて、フランス語圏アフリカの市場の約五割を占めるような支配的地位を作り上げたといわれている。綿花における代表例が次に述べるＣＦＤＴである。

（1）フランスの綿花栽培と販売からみた新植民地主義

これはフランス政府が綿花を通じた現地農業（綿花栽培と販売）への実質的な支配体制の一例である。CFDTは、植民地時代に創設された繊維開発のためのフランス国営企業だった。フランス政府がその株式の大半を保有していた。政府系独占企業であるこの会社は、綿花を一元的に農民から買い付ける一方、栽培に必要な投入財（種、殺虫剤、肥料等）や技術支援を提供することを業務としていた（正木　二〇〇七）。すなわち、綿花の買い付け価格の安定化、さらにその販売促進を目的とした会社だった。これによって生産者が安定した収入を得ることができ、西アフリカ諸国が綿花を積極的に栽培できるようになった。しかし、一九七〇年代になり、国有企業特有の非効率な生産・販売構造や汚職の蔓延等の問題が持ち上がり、この会社に対する批判が強くなってきた。それを受けて、一九八〇年にIMFや世界銀行より、それらの国有企業に民営化や市場原理の導入を指導された。その結果、フランス政府やIMFの指導のもと、これらの国有企業の民営化が進められた。一方、時を同じくして、フランスは政府系販売会社ダグリス（Dagris）をCFDTの隠れ蓑として設立した。後に、そのダグリスが100％出資する販売会社（孫会社）であるCOPACOが新たに作られ、後述するアフリカ諸国の民営化された企業の株主にはこの三社がよく名前を連ねている（正木　二〇〇七）。

アフリカ各国、特に西アフリカに新たに設立された合弁会社の株式の50％以上はこれらフランス企業が取得しており、それぞれの運営に関与できるシステムが作られていた。これらの国々では、おもにCFAフランが流通しており、CFAフランは、当初はフランスフラン、現在ではユーロに固定化されている。

このことによりアフリカは経済的にはヨーロッパ諸国、特にフランスに依存することとなった。たとえば、為替レートについての決定権はアフリカ諸国にはなく、フランス政府が決定することからもCFAを通じたフランスによる経済支配そのものとなっている。またCFAフランとユーロの交換レートが高い水準で固定されていた。したがって、ユーロ高になればCFAフランも高くなり輸出では困難な状態に置かれることになる。国際的な綿花取引はUSドル建てが基本であり、実際二〇年以上にわたってユーロに対しドル安が続いたため、アフリカ諸国では綿花を含めた輸出は不利益を被っていた。フランスの新植民地主義には、戦後まもなくフランス共同体を再構築しようとする思惑が見え隠れしていた。すなわち、フランスは旧植民地に大幅な自治や独立を認めるが、しかし、通貨、防衛、戦略的天然資源（綿花など）の分野においては、フランスのコントロールを継続するというものである。綿花は世界的な戦略物資の一つであり、フランスは西アフリカの綿花を利用して、イギリス、アメリカと同様に世界的影響力を持つことができるようになった。

（2）政府系フランス企業の出資

西・中央アフリカの綿花企業への資本出資は、政府系フランス会社、CFDT（繊維開発公社）、DAGRIS（南方農業開発公社）COPACO（綿花販売会社）が多くを占めていた。たとえば、ブルキナファソの民営会社であるSOFITEXやSOCOMOの株式の51%、セネガルのSODEFITEXの51%、マリのCMDTの40%、そしてチャドのCotton Chadの77%はフランス政府系企業が出資をしていた（正

木　二〇〇七）。通貨は、当初はフランスフラン、その後はユーロと固定レートで交換可能なＣＦＡフランが使用されてきた。近年ＣＦＡフランの使用はフランスの新植民地主義だとの批判が強く、新たな通貨が導入されるよう取り決められた。しかし一方で、中央アフリカでは引き続きＣＦＡフランを使用する動きもあり、フランスが水面下で新通貨のなし崩しを図っているとも言われている。

このように、フランス政府は間接的に綿花栽培、中間財の受渡し、綿繰り工場、買い付け、また綿花の販売をつかさどる国営企業の株式の大半を握ることになった。西・中央アフリカの共通通貨ＣＦＡが、既述のようにフランス政府で発行され、そのレートを管理している状況では、それらの国々はいまだフランスの植民地状態であると言っても過言ではない。一方、フランス系会社が出資したことにより、現地会社が近年の生産量を大きく伸ばすことができたというプラス面もある。彼らが環境保全の為の技術を提供して、アフリカ産綿花の付加価値を上げるために大いに貢献したことは評価できる。事実、東南アジアの紡績会社からその品質に評価を得るようになり、販売量も大きく伸びた。

（３）アフリカへの援助政策（ＯＤＡ）と新植民地政策

一九四五年一二月、第二次世界大戦後の世界の復興と開発のために、ＩＭＦと世界銀行が設立された。一九四六年には、欧州復興計画（マーシャルプラン）をアメリカによる支援のもと進められ、ヨーロッパは目覚ましい復興を果たした。一方、開発途上国援助のための国際機関「コロンボ・プラン」が一九五一年に活動を開始した。これは、アジア太平洋地域の国々の経済・社会開発を促進し、その生活水準を向上させることを目的としていた。日本のＯＤＡは、一九五四年にこのコロンボ・プランに加盟したことから始まった。ＯＤＡでの優先順位は開発協力政策に基づき、まずは貧困対策、次に生物多様性保護や気候変動対策などの国際公共財管理、さらに経済成長、また平和・民主主義支援の四本柱となっている。政府開発援助とは、先進工業国の政府や政府機関が、開発途上国（二ヶ国間援助）または国際機関（多国間援助）に対し、開発途上国の経済や社会の発展、福祉の向上のために行う援助や出資である。

ＯＥＣＤの委員会の一つでＯＤＡの活動を担うＤＡＣ（開発援助委員会、加盟国二九ヶ国）の援助総額は約一六〇〇億ドル（約一八兆円）にのぼっている。そのうち、日本の援助は一六〇億ドル（約一兆七千億円）で世界第四位に位置し、その内訳は一兆三〇〇〇億円が二ヶ国間援助、残り約四〇〇〇億円が国際機関向け（多国間援助）となっている（OECD 2020）。

一方、フランスは一四〇億ドル（約一兆五千億円）で世界第五位を占めている。日本は一九八九年から二〇〇〇年までの一〇年間は世界一位を維持していたが、近年は財政上の都合で順位は下がり、アメリカ、ドイツ、イギリスに続いて第四位となっている。ＯＤＡには二ヶ国間援助による資金協力は政府貸付金と、もう一つはいわゆる贈与である無償資金協力金がある。これは、技術協力、技術移転、人材育成のための資金援助が主である。なお、フランスのＯＤＡは多国間や二ヶ国間援助共に、近年大幅に増加し二〇年間で二倍になっている。そして、フランスの二ヶ国間援助は地域別にみると約50％がサハラ以南アフリカ、特に西・中央アフリカに向けられている。

フランスの援助政策における優先連帯地域に指定されている世界の五五ヶ国のうち四五ヶ国がアフリカ

であることは、アフリカとの関係を重視している証拠である。将来的には、この予算の60％をこのアフリカ地域に配分する目標を立てていると言われている。これは一九六〇年代にアフリカ諸国の独立を認め、さらに原材料へのアクセスと特恵的な貿易関係を認めさせた代償であり、巨額の経済協力を約束したことに対する当然の義務である。

なお、フランスの経済援助は、一九九八年の改革により、ＡＦＤ（フランス開発庁）[5]がＯＤＡの主要実施機関として位置づけされており、開発銀行と援助実施機関の二重の役割を担っている。二ヶ国間援助は、外交の重要なツールにもなり、その増額は、フランスに有利に働き、援助を受けたアフリカ諸国の親フランス感情がさらに高まっている。なおフランスの援助は他国と比べ教育部門への割合が突出している。教育を通じたフランス語ならびにフランス文化の普及を図ろうとする意図が見え隠れしている。

一方、多国間援助では、被援助国は資金がどの国から拠出されたか分からず、特に意識もされないのが現状である。この実例として、約二〇年以上前には日本からの多くの多国間援助金が国際機関（国連等）に拠出され、その約五割以上が、アフリカの援助に使われた。しかし、アフリカ諸国やその国民の多くが、日本からの援助だと理解していなかった。これは宣伝が下手だという日本の外交上の欠点である。欧米や中国はその点上手く振舞っている。直接お金を渡した人や国は感謝されるが、多国間援助の場合その出所には関心は払われない。フランスの多額な対アフリカ援助金は開発途上国の開発目的ではなく、高度に政治的目標（新資本主義）として利用している面があると非難されている。この世界的で有意義なＯＤＡ援助も自国の都合でフランスが利用しているとの批判である。フランスはその気になれば、いつでも現地の代理人（政府）を通じて利益を確保できる。このような覇権的な動きや状況は現在も変わっていない。フランスは本国から旧植民地の経済と政治に影響力を保持し、利権を手放さない間接支配を目指している。西アフリカ諸国がフランスの統治から解放されても、今日に至るまでその経済的依存から脱却できないことがその典型である。なお、日本は、第二次世界大戦後の復興や経済発展の過程でアメリカのNGO団体や国連児童基金（ユニセフ）などから膨大な資金援助を受けていた。

（4）新植民地主義と債務の罠

債務の罠とは、二国間の融資で国際援助を受けた国が、債権国から政策や外交などで圧力を受ける事態に陥ることである。債務の返済に行き詰まった国が債権国から融資を受けて建設したインフラの権益を譲渡したり、軍事的な協力をしたりするケースがある。初めから債務の返済能力に乏しいことがわかっていながら意図的に貸し付けを増やすケースもあると指摘されている（日本経済新聞二〇二一年六月一〇日）。これは「借金漬け外交」だと言われている。主に開発途上国（債務国）が、二国間の国際援助において債務返済不能により、自国の政策や外交、インフラ運営などに支援国（債権国）の拘束を受けることをいう。これは、債権国側は過剰な債務を通じて債務国を実質的な支配下に置く狙いがあると言われ、主に友好国間でみられる（金融経済用語集―iFinance2022参照）。

アフリカの原油や港湾などの天然資源やインフラ設備を、債務の罠を利用して手に入れようとする動きが活発になってきた。近年、アフリカにおいて中国の影響力が増大している。これは、中国型新植民地主義の危険性である。アフリカのそれは旧植民地主義からフランス型新植民地主義、そして中国型新植民地主義へとシフトしている。中国型新植民地主義とは直接的な軍事・政治的支配の代わりに、経済援助政策や貿易政策を駆使して、アフリカ諸国を支配することである。

当初は、中国の対外貿易に占めるアフリカの割合はわずか4％だったが、21世紀初頭の一〇年の間にその貿易額は、意図的に一〇倍に増加した。中国の資金はアフリカの鉱物資源に向かっており、それは対アフリカ輸入額の90％に相当し、そのうち85％は原油が占めた。アフリカは中国への石油供給国として中東に次ぐ二位となっており、主に産油国のみが、中国の増大する恩恵を受けている。中国のこのやり方は旧来の植民地政策と異なり、政治体制に対し、人権や民主化、資金の透明化などアフリカ政府が嫌がる事には一切干渉はしない。また、巨大な工場や港湾を建設・整備しても、地元経済に対する支払いを最小限にするために、労働者は中国から連れてきた中国人が多くを占める。このことは地域労働者への賃金の支払いや技術移転もなく、地域経済には利益を与えていない。そのため、現地政府は不満もあるが、しかし、それは裏から大金が入ることでほどよく解消されているようである。

アフリカ諸国最大の貿易国となった中国の狙いは、資源と同盟国を獲得することである。そのために、大規模な借款で相手国を負債に追い込み、鉱山や港湾などの要所を軍事基地として永年借用することである。その成功例が、パキスタンのグワダル港、スリランカのコロンボ港、ジブチ共和国のジブチ港である。これは、今までと異なった手段で、内政にも干渉せず、直接的な軍事・政治支配に代わって、経済力でその国を借金漬けにして植民地化する方法である。多くの大国が、今も昔も変わることなくアフリカの豊富な資源を様々な方法で狙っているのが現状である（楊　二〇一八）。なお、二〇〇九年のＧ20では、「債務の罠」が議題の一つに取り上げられ、開発途上国向け融資について、返済可能な範囲にとどめる「質の高いインフラ投資」を原則とすることで合意された。

注

（1）フランス語圏は、主に、アフリカ、カナダ、ヨーロッパ、南アメリカの一部、オセアニア諸島である。なお、フランス語は三二ヶ国の政府公用語、また国連などの国際機関の公用語である。ＩＯＣ国際オリンピック委員会の公用語は、第一言語としてフランス語、第二言語として英語の二ヶ国語のみが使われる。

（2）ユグノー戦争とは一六世紀後半のフランスでのカトリック（旧教徒）とカルヴァン派（新教徒）の宗教戦争である。

（3）ユトレヒト条約は一七一三年四月～一四年九月にわたって締結されたスペイン継承戦争を終結するための一連の講和条約である。

（4）ＥＣＯ（通貨エコ）は二〇二七年より導入が計画されている統一通貨単位である。当初は西アフリカ諸国経済共同体（ＥＣＯＷＡＳ）において計画されていたが、その後一部の国が参加を見送り、現在は九ヵ国のみ参加を表明している（Jetro 2021）。

（5）ＡＦＤ（フランス開発庁）とは、世界の開発問題に取り組むために組織されたフランスのＯＤＡ実施機関である（JBIC Institute 2006）。ＡＦＤの形態は少々特殊で、開発銀行の機能も備えている。外務省、経済財政省、内務省の三省によって管轄されている。二〇一〇年に「開発協力に関する基本政策枠組み文書」を発表しており、これに沿ったＯＤＡ政策が実施されている。

第五章　戦略物資としての綿花と補助金

戦略物資の一つである綿花を含む農業には、国家による強固な補助金制度が古くから存在している。それは、特にアメリカやヨーロッパでは顕著であり、自国の農業を守り、他国に対する優位性を保つために重要である。その手段として、国家収入である税金から補助金が農家やその団体につぎ込まれている。また、それを得るための業界の政治的圧力団体などの後ろ盾があり、それを達成するための強い援助になっている。一方、このような補助金制度は先進国と開発途上国との貧富の差を広げている。この点からも、本題である農業・綿花と人間の政治的・経済的な関わりが垣間見られる。

一　重要な農作物

近代において、綿花は植民地政策、そしてそれを支えたヨーロッパ・アフリカ・新大陸を結んだ奴隷貿易や産業革命と深いつながりを持っている。また、綿花ほど重要な農作物は多くなく、近代を通じて戦略物資であり続けてきた。綿花は蒸気機関という動力源を使い、機械を利用して物質文明を切り開いた一八世紀イギリスの産業革命になくてはならない原料・物資だった。産業革命は綿工業の機械化からはじまったと言っても過言ではない。また、それは覇権国家イギリスのインド植民地支配の中心的作物の一つであり、タバコやサトウキビそしてコーヒーと並んで、新大陸での奴隷制度の基である基幹作物だった。

イギリスは大量の綿花をインド、アメリカなどから輸入し、その加工品（綿布）を世界各国に輸出して、国家財政の多くを綿花に頼ってきた。現在でも、アメリカおよびイギリスやフランスは世界綿花生産の多くを握り、さらに彼らは原料の綿花のみならず、その貿易や海上交通システムまでコントロールしてきた。綿花は一八世紀から二〇世紀を通じて、工業文明の重要な作物であり続けた。現代の世界経済に焦点を当ててみると、一九七〇年以降、繊維に占める綿花の割合は低下した。しかし、その後も、絹や麻などの天然繊維や化学繊維以上に人類にとって欠くことのできない重要な繊維原料であり続けてきた。このような点からも、綿花が戦略物資の一つであることに疑問の余地はない。綿花は、繊維以外では油（食用油世界消費の5％）や家畜飼料としての用途もある。本来、熱帯・亜熱帯の産物であった綿花は、今日では技術の進歩もあり、温暖地帯でも生育可能となり、世界的には約一〇〇ヶ国以上で生産されている。

二　戦略物資である綿花

綿花は輸出禁止・規制措置の対象となる戦略物資の一つであると言われる。戦略物資（strategic raw materials）とは一国の安全保障上または戦争遂行上不可欠で、その帰趨を左右するほど重要な影響を及ぼす物資・資源であるものとされている。しかし、それは時代や背景により若干の差異はある。最近では、コロナ禍の医療用のマスクも、「戦略物資」と言えるかも知れない。それぞれの国によって事情は異なるが、そのような重要な物資の確保が何らかの理由で量的・質的・時間的に供給が不確実になる場合がある。そのために、あらかじめその確保について特別な措置を必要とするものに限定して、それらを戦略物資と呼んでいる。

一般に、石油、ウランや鉄をはじめとした鉱物なども挙げられる。たとえば、近年特に重視されている希少金属（レアメタル）がコンゴ民主共和国の東部で発見された。それは、国家の重要な収入源になる予定であったが紛争資金源として利用された。希少で高額のため、その扱いの主導権を巡って政府軍と反政府軍との内戦が繰り返されている。この紛争の背後には先進国の思惑があり、その資金が国民のためには使われなかったことは確かである。このような例は資源を持っているアフリカ諸国で見かけられている。また、直接的な武力や戦力にならないが、食料、ゴム、綿花、パルプ、油脂皮革、コンピューターなども潜在的な戦略物資とみなされていた。しかし、農産物であり、繊維製品の原料である綿花が戦略物資であることはほとんど知られていない。

綿花は農作物であるため、生産国の地理的条件、すなわち天候状況の変化や土壌の性質により、品質や生産量も大きく変化する。綿花は耐久性や経済性の良さから軍服や多くの衣服に使われている。また、家屋などの建造物の強化材にも使用されている。過去には、パラシュートの多くが絹やエジプトの超長綿で作られていたことはあまり知られていない。特に超長綿はしなやかで、生産量も限られており、手に入れることが困難だった。当時はまだナイロンなどの化学繊維は多く生産されていなかったので大変貴重でもあった。一年草ということもあり、すぐに手に入らず収穫まで待たねばならない。その重要性と入手の不確実性のため、戦略物資の一つになったことは確かである。さらに、具体的な例として、本書の第六章で紹介している中央アジアのウズベキスタンのアラル海の環境問題は、綿花が軍需産業に使われる貴重な戦略物資だったことにも起因している。旧ソ連時代において、綿花栽培は環境問題や漁業問題よりも重要であったようだ。そのような国家にとって大切な物資の手持ち在庫が少なくなり、すぐには入手困難な状況になると生産国はエンバーゴ[1]またはエキスポートバン（輸出禁止処置）を行使する。それは生産国で農作物などの戦略物資の在庫が少なくなり、天候不良等で世界的にも減産が予想される場合に、国際価格が高騰するからだ。政府規制がないと、高い価格の国際市場にものが流れる結果になり、自国内の供給がさらに逼迫（ひっぱく）する。

そのような経済打撃を軽減するために、輸出禁止や規制が設けられている。それ以外にも、必要としている国々に分け与えることで、自国の優位性を誇示できる。穀物の禁輸は、過去において世界的な生産国であるアメリカやロシアが自国の生産量が少なく、世界的にも需給が逼迫した時や、他国への制裁措置としても、発動された歴史がある。食料であれ、エネルギーであれ、必要性の高い物資を保持し供給する側は、それらを欲する国々に強い影響力を持つことができる。しかし、一方、戦略物資の囲い込みは、グローバル化の流れを逆転させ、経済効率を無視することになり、経済的・社会的に大きな代償を払うことを覚悟せねばならない。

三　綿花栽培と雇用そして情報合戦

綿花は換金性があり、雇用を守ることができる。アフリカなどの開発途上国にとって、綿花は世界的に需要が多く換金性に富んでおり、重要な現金収入源である。そして、それらの国では、綿花栽培は典型的な労働集約型農業である。それは、多くの労働者を必要としており、したがって、綿花栽培には国民の雇用や労働を保証する一面もある。開発途上国では、雇用は重要な国策の一つであり、アフリカ（特に西・中央アフリカなど）は赤道に近く、熱帯・亜熱帯性気候なうえ、さらに豊富な雨水（天水）もあって、綿花の生産に適している。これらの国々にとって、金や石油を含めた鉱物資源を除いては、綿花は最大の安定した輸出収入源である。

次に、先進国に対しては戦略物資である綿花の供給源だというアイデンティティを示すことができる。戦略物資の供給能力を保持することで、世界的な影響力を持つことができる。しかし、彼らの背後にはアメリカ、イギリス、フランスの影が常に見え隠れしている。先進国にとっては、綿花は穀物と同じく、安全保障上また戦争遂行上不可欠な生活必需品でもある。そのため、彼らは世界中の現地出先機関（大使館など）に専門の農業調査官を派遣し、その国々の農作物の生育状況を調査し、詳細な内容を刻々と本国に報告している。

さらに、アメリカ政府は人工衛星などを使って、世界各国の農作物の生育や生産状況を偵察し、詳しく把握している。アメリカ農務省はその状況を頻繁に公表しており、世界各国の政府や穀物商社などはその情報を待ち受けている。なぜなら、それを材料に価格が大きく動くからだ。また、多くの民間企業もこの情報を利用して、その営業方針や活動に活用している。これらは映画やテレビなどで見るような、穀物などの戦略物資争奪のためのスパイ活動であり、情報獲得競争・戦争そのものである。

四　一次産品の商品化

綿花などの一次産品は、天候の変化や世界的な政治・経済の動向により、価格の変動が大きく、特に突然の下落は、開発途上国の経済を破綻に導くことがある。一次産品とは、加工されていないもののことであり、米・小麦・綿花などの農産物や、錫や原油などといった資源がこれに当てはまる。また開発途上国の主要な輸出品は一次産品がほとんどを占めている。地域別では、サハラ以南アフリカの九割がこの状況に該当し、一次産品への依存度が最も高い地域である（吾郷　二〇〇八）。その中で、西アフリカ諸国にとって、戦略物資である綿花はその代表例であり国家収入の多くを占めている。

戦略物資の多くは一次産品のため、商品化（コモディティ）しやすく、時として他の商品と同じく市場で価格が大きく変動することがあり、安定性に欠けている。先進国が、開発途上国の資源であるこの変動しやすい商品を、市場や取引所を通じて、自分たちの都合で勝手に操作している様子が窺える。すなわち、意図的・システム的に後進国は、一次産品である戦略物資を主導的かつ自由に扱えないように不利な状況におかれる場合が多くある。この一次産品をめぐって、先進各国は、なりふり構わずにその取得と保護に動いてる。たとえば、アフリカの鉱山などでは、旧宗主国が現地の傀儡政権を使って、占有化を図っている。農業分野でも、一部のヨーロッパ諸国は、新植民地主義による遠隔操作で農産物の生産・流通を掌握しようとしている。

五　先進国による農業助成金政策

世界各国の政府が農家に直接提供した助成金額は年間五四〇〇億ドル（約六〇兆円）にのぼっている。綿花を含めた農産物は戦略物資であり、国家安全保障上において最も重要な物資の一つである。それが食料安全保障上においても、それぞれの国家にとって、大切であることは多くの国（特にアメリカ、ヨーロッパ）が自国農家に多大な国家農業補助金を支払っていることからも明らかである。(2) たとえば、イギリスの農家収入の90％、フランスの95％、ドイツの70％、アメリカの40％（一時期60％）は補助金が占めている。

このように驚くほどの高額な補助金が農家に支払われている。この数字は、先進国による農業補助金のバラマキの様相を呈していることの表われである。ここから安全保障上、大変重要な物資である農産物は自国での生産に固執し、その供給を他国に頼りたくない、または支配されたくないとの意図を知ることができる。しかし、こうした過保護的な政策が生産過剰を招き、商品価値を大きく下げざるを得なくなるケースが多くみられる。その犠牲は農業補助金のない開発途上国、特にアフリカ諸国の小規模農家が払っている。アメリカの過大な補助金の給付（バラマキ）は、自国農家保護や戦略物資としての農産物輸出のリーダー的地位を確保するために、世界における農業分野での影響力を誇示しているように見える。しかしそれは、多くの開発途上国の生産効率や品質向上の努力が報われないという結果をもたらしている。そして現状では多くの開発途上国の農民が農産物価格の低迷により貧困にあえいでいる。

六　農作物の輸出

食料の輸出国は、一般的に開発途上国と理解されてきたが、実際にはそれらの国々の七割以上が食料自給国から輸入国に転じた。それは、貿易が自由化（関税の引き下げ等）され、さらに先進国の農業補助金が開発途上国の生産能力を破壊に追い込んだためだとされている。その側面において、グローバリゼーションの負の面が現れている。農作物などの食料輸出国は、近年主に先進国が占めており、逆に輸入国は開発途上国が多くなっている。たとえば、世界の小麦輸出国はＥＵ（欧州連合）、ロシア、アメリカ、ウクライナ、オーストラリア、カナダである。また、開発途上国であるアフリカ諸国が輸入する小麦のほとんどはフランス産だ。これはフランスが西アフリカの旧宗主国であり、ＯＤＡも絡んでいるためである。さらにフランスなどの先進国においては、自国の農産物に価格競争力を持たせるための輸出農業補助金制度があるからである。

その一方で、開発途上国には財政上この補助金のシステムがなく、価格競争力を持っていない。先進国における農産物には常に安全保障上の危機感が働いており、政府の補助金で積極的に輸出されている。そして、補助金制度がない後進国が輸入せざるを得なくなっており、本書の第六章七節で述べているように、ますます貧富の差が広がっている。ここから見て取れるのは、先進国特にアメリカにとって、食料や綿花などの農業生産物は国家戦略上、大変重要な戦略物資とみなされていることである。先進国はそれら農産物の生産を維持・拡大するために、法律的かつ財政的なシステムを構築してきた。これは過度な保護化でもある。何度も繰り返し述べているが、アメリカは工業国と思われがちだが、実際は、政治経済的に世界最大の農業生産国であり、また輸出国でもある。これが世界に対する影響力を保持できる理由の一つとなっている。

七　アメリカの農業補助金

アメリカの農業補助金は、五つの主要な農産物に偏っている。そして、その補助金は食料の輸出を含めた農産物の安定供給を確保している。それは天候や市場価格その他の要因によって生じる農業生産物の収益低下をサポートする安全ネットとしての役割も果たしている。なお、農業補助金額は、参照する資料や年度、および直接か間接か、さらにその合計などにより大きく異なっているので注意する必要がある。ここでは、一つの資料を例として取り上げたい。たとえば、二〇〇九年度の直接的な農業補助金額は、トウモロコシ（四〇億ドル）、小麦（二三億ドル）、綿花（二三億ドル）、大豆（一七億ドル）、および米（四億ドル）

だった。当時の総額は約一五〇億ドル（一兆六〇〇〇億円）だったので、そのうち七割がこの五品目に支払われている。四品目が食料で、一品目が繊維の綿花である。ベッカートの調査結果によれば、「アメリカの綿花栽培会社が一九九五年から二〇一〇年の間に受け取った政府の補助金は総額三五〇億ドルに上る（年平均二三億ドル）」（ベッカート　二〇二二）。

このように綿花はアメリカにとって、歴史的にも重要な戦略物資であることが補助金の面からも窺える。さらに、農家への直接的な補助金以外に、アメリカ産を消費する国内や海外のユーザーにも、別途特定の補助金が支払われている。この直接的補助金は、アメリカの農家にコスト以上の金額を保証しており、これによって農家は綿花を安く売っても、利益を得ることができてしまう。さらに、間接的に綿花を購入する国内外の顧客にも、補助金を出す二重のシステムである。ここから、戦略物資である綿花栽培をアメリカ国内で維持し、それを世界に輸出するというアメリカ政府の長期方針や展望が窺える。以前には、トルコ、コロンビア、ブラジル、および中国も国内で助成を行い、競争力を保とうとしたが、金額も少なくアメリカには対抗できなかった。(3)

これらの直接的・間接的な補助金システムによってアメリカの綿花輸出高は二一世紀に入って倍増した。綿花産業は自国内の生産額において、農産物の内で五位に位置している。また、アメリカは世界第三位の綿花生産国であり、世界輸出の四割弱を占め、最大の輸出国でもある。このような事実からアメリカが戦略物資である綿花を世界的にコントロールしていると言っても過言ではない。しかし、そのために、多額の補助金（税金）を支払うという財政的犠牲の下で、この地位を守っている。ちなみに二〇二〇年度のアメリカの農業助成金は、五一二億ドルと大幅に増えている。

八　アメリカの保護政策と綿花のシェア

最先端の工業生産国であり、なおかつ強大な農業国であるアメリカは自国の農業や農家を守るために、国連や世界貿易機構（WTO）などと交渉を重ねることで、自国に有利な取り決めをしてきた。特に綿花はインドやアフリカなど開発途上国と輸出面で競合する農産物である。そのため、アメリカは膨大な補助金を使い、綿作農家に対する援助システムを構築してきた。まずは、奨励策として病虫害に強く、環境に優しく、そして増産できるような品種改良などの研究費にその多くがつぎ込まれた。補助金の一種である研究費のおかげで、近年ではバイオテクノロジー関連の研究が盛んにおこなわれ、この分野でも高い地位を得ている。これはどの国でも見うけられる自国の農業を保護し育成する政策の一環である。アメリカではさらに、この保護政策や輸出振興のために、多岐にわたる種類の補助金が農家に対し支払われている。これらの過保護と非難される多くの政策により、アメリカは生産量を拡大、さらに輸出を増大させ、開発途上国の市場を奪う結果になった。

このような他国とのバランスを無視した先進国の輸出振興が開発途上国から自己中心的であると非難を浴びている理由である。この直接的な補助金は、生産コストや国際価格を上回り、輸出振興を促進させている。そのため、多くの競合する国々は、その販売価格を大幅に下げざるを得なくなった。この補助金のシステムはアメリカなどの先進国の農家は利益を享受できるが、補助金のない開発途上国の農家は綿花価格の低迷により貧困にあえいでいる。これはダンピングそのものであり、WTOに提訴され大きな問題になった。にもかかわらず、議論がなされ決着はついたものの、アメリカなどの大国の協力が得られず最終的な解決には至っていない。最近では、地域貿易協定（Regional Trade Agreement)、自由貿易協定（FTA)、および経済連携協定（EPA）などの個別的な協定が多くなり、世界的な貿易枠組みを決定するWTOの影響力が弱まっているのもこの要因となっている。

ところで、この節では綿花補助金の負の部分を指摘しているが、他方補助金は繊維の中における綿花の地位を守っているという側面がある。綿花は既述のように高コストの農産物である。特に、アメリカなどの先進国の生産コストは、現状の国際価格を大幅に上回っている。補助金がなくなる、または減額となれば、農家は他の利益効率のよい農作物を栽培するため、綿花生産量は大幅に減少することは必至である。結果、綿花はコスト面やその存在価値を示す供給量の面において化学繊維に太刀打ちできなくなると想定できる。それは、繊維における綿花のシェアが六〇年前は65％、40年前50％、20年前40％と徐々に下がり、現在は30％を維持しているが、補助金がなくなれば羊毛など他の天然繊維と同じく2～3％以下になると予想できるからである。この先進国による補助金給付が、途上国との貧富の差など多くの問題を残しているものの、現在でも綿花が繊維生産量で30％という大きな比重を占めていることに、皮肉にも貢献しているのかもしれない。

九　農業補助金と貿易戦争

農業補助金は先進国と貧しい開発途上国の農民との対立の原因になっている。先進国は自国の国家安全保障上、戦略物資を保持し、維持することに執着している。戦略物資は自国、または影響力を保持できる友好国から手に入れるのが最も安全な方法である。綿花栽培でも土地や環境が許せば自国で作るのが最善だ。しかし、それは農家にとって、利益があるものでなくてはならない。農業は相対的には労働集約産業であり、賃金の高い先進国には向かない。それでも、彼らは税金である補助金を使ってでも、その農作物を栽培しようとする。これは先進国では国家安全保障上、当然の事とされ、各国政府は農家がその栽培で損失が出ないように生産コストを保証し補助金を支給する。そのため、生産量過多の供給過剰に陥りやすくなり、価格も当然下落し、国際価格は大幅なコスト割れが恒常的になっている。これらの動きは、補助金を出している先進諸国では当初から予想されていた。

しかし、一方このような補助金のない開発途上国の農民は、覇権国家のエゴの犠牲者であり、彼らは作れば作るほど損失が膨らみ、結果、多くの犠牲者や自殺者が報告されている。これは国の援助や保護がある先進国の農家と、それらが全くない開発途上国の農家の間の販売競争であり、初めから結果が分かっている貿易戦争である。農産物は国際的に取引されている。多くの先進国においては、農業従事者やその組織は国政へ多くの代議員を送り込み、強い発言力を持っている。たとえば、アメリカでは綿花従事者が属する全米綿花評議会（ＮＣＣＡ）が圧力団体として、議会で積極的なロビー活動をしている。また、彼らが二〇〇三〜二〇〇七年の五年間で一〇〇億ドル以上の綿花補助金を勝ち取ったとの報告がある。農業補助金の有無や額にはそれぞれの国における農業従事者の地位や発言力が問われている。

開発途上国の農業従事者は国民の過半数を占めているが、多くは小規模で、大地主の支配下にあり、決定権や発言権が認められていない。そのため、それぞれの国における農業従事者の地位向上が急がれる。この農業補助金問題はガットやＷＴＯで討議され、様々なルールや法律も作成されている。綿花に関しては、前述のように、二〇〇〇年にブラジルをはじめアフリカの四ヶ国がＷＴＯを通じて、アメリカの補助金問題を提訴した経緯がある。それは補助金の段階的撤廃や撤廃までの期間における補償などの具体的な内容だった。

また、それは長く議論され、二〇〇四年に合意に達した。しかし、現実的にはアメリカの綿花補助金政策は援助方法やその名称を変えて、今なお続いており、主に三種類（価格支持融資、価格損失補償、農業リスク補償）があり、それらが複雑に絡まっており、一挙に全面的に補助金を廃止することができないと弁明している。戦略物資は、先進国にとって、安全保障上重要であり、その生産を維持するために、国家の財源・税金を農業補助金に注ぎ込んでいる。結果、それは増産により在庫が増え、前述のファイヤーセールスのように、コスト以下でのダンピング販売を余儀なくされている。それが、世界の貿易秩序を乱し、国家間の摩擦の要因となっている。また、それによって貧富の差が生じている。戦略物資は一国、また先進国だけの問題ではなく、開発途上国をふくめた資源安全保障の面でも討議される課題である。

注

（1）Embargo／エンバーゴ、あるいは禁輸（きんゆ）とは、国際貿易及び政治的な観点に基づいて、ある特定の国との商業及び貿易行為を禁止する措置を指す（ウィキペディア2012年8月25日）。

（2）農業補助金の給付政策は、国内的に納税者である消費者に損害をもたらし、国際的に開発途上国の小規模農家と欧米などの大規模農家との所得格差を広げ、WTOなどの国際機関で多くの論議の対象となる結果になった。そしてこの政策は市場をゆがめ、生産者のイノベーションを抑え込み、さらに環境にとっても有害なものになっている。なお、OECDの年報「農業政策のモニタリングと評価（Agricultural Policy Monitoring and Evaluation)」によると、二〇二〇年度の世界各国の年間農業助成金総額は、七〇八〇億ドルとの報告がある。内訳は、生産者助成金五三六〇億ドル、消費者助成金六六〇億ドル、新規実現サービス一〇六〇億である。

（3）欧州連合（EU）では綿花栽培者（主にスペイン、ギリシャ）に毎年一〇億ドルの援助金が支払われている。これにより、近年、ギリシャは綿花輸出において、重要な地位を占めることになった。ICAC二〇一八年度の報告書によると二〇一七・一八年度の世界の綿花産業への政府援助は五九億ドルで一〇ヶ国が政府援助を行っており、これには直接補助のほか、間接補助、ボーダープロテクション、種子保険が含まれる。

第六章　グローバリゼーションにおける綿花と地域社会

グローバリゼーション[1]を通じて、生産・製造や流通面で「綿花と人間の関係」は急激に国際化した。それは、ファストファッションにみられるように世界の流行をいち早く取り入れ、大量に生産しそれを安く適時に供給できるようにした。こうした状況下で、綿花栽培や綿製品の生産はそれぞれの国の地域社会と密接につながっている。地域社会の協同なくして、綿製品が大量に、世界的に広がることはなかったかもしれない。歴史的に見ると、一六世紀の大航海時代に始まったグローバリゼーションにより、地域社会が世界的につながり、国境を越えて人やモノの動きが活発となった。また、近年のサプライチェーン[2]の連鎖的な活動も綿製品の普及に大きく貢献した。このグローバリゼーションやサプライチェーンの進展は、一部の大企業や多くの消費者にメリットをもたらした。一方、これらは世界の地域環境や社会に大きな問題を引き起こしている。綿製品は史上初のグローバル商品である。綿花は、世界の一〇〇ヶ国以上で栽培され、それは国境を超えて多くの国々で様々な用途に加工や製品化されている。綿花やその製品は、我々人類が生活するために大切な、衣・食・住のすべてに関係を持っており、切り離せないものになっている。この章では、グローバル化における綿花と地域社会、およびサプライチェーンについて、具体的に考察する。

一　史上初のグローバル商品

前記に述べたように、グローバリゼーションの始まりは古く、一六世紀ヨーロッパの大航海時代と言われ、一八世紀後半に起きた産業革命により一挙に拡大した。史上初の「グローバル商品」は「綿製品」であった。そして綿花こそが世界を一体化させた世界最初の商品だった。一七六〇年代のイギリス産業革命は、綿紡織工業によって始まったと言われる。当時は衣料の素材としてヨーロッパでは馴染のなかったイギリスの綿製品が産業革命を背景にして、世界を席巻し、瞬く間に「グローバル商品」となった。中世ヨーロッパでは綿花は衣料の素材としてはあまり知られておらず、多くの人々はウールや麻などの織物をまとっていた。絹織物は高級品で、庶民には手を出せなかった。その点、綿織物は植民地政策や産業革命により、比較的安価に手に入れることができた。さらにそれは品質面において柔軟性や保温性、吸湿性があり、庶民には評判がよかった。そしてイギリス国内ばかりでなく、ヨーロッパや逆輸出となるインドを含め世界各地に市場を広げた。そのため、好調な綿製品の需要と蒸気機関による生産力（綿紡織）の向上に、イギリスは原料である綿花の確保が追い付かず、綿産国であるインドやアメリカからの調達に奔走した。このようにイギリスの産業革命における綿産業は、①原料である綿花を海外から得る、そして②その製品を国外にも市場を開拓して売る、という二つの側面を持っていた加工貿易だった。この綿産業の世界的展開は、近年話題になっているグローバリゼーションとサプライチェーン・マネージメントの先駆けだった。

二　綿作農家と綿製品のサプライチェーン

綿花の主要生産国はアメリカとオーストラリアを除くと開発途上国が多くを占める。生産国一〇〇ヶ国のうち八〇ヶ国以上は開発途上国で、内三〇ヶ国は後発途上国である。そして、開発途上国、特にアフリカ、インド、中央アジア諸国やその地域社会にとっては、綿花は決定的に重要な作物である。生産面では、中国、インド、アメリカが抜きん出ており、輸出面ではアメリカが最大の輸出国であり、マーケットをリードしている。

世界中で綿花生産には、大・小規模農家あわせて、一億人以上が従事し、約三億五千万人が生計を立てている。綿花栽培の体制は、地域によって大きく異なっている。その中で、先進国であるアメリカやオーストラリアの綿作農家数は生産高に比べ大変少なく、世界全体に占める割合はわずか1・0％以下になっている。アメリカの農業就労人口も少なくなっている。[(3)] しかし、農業生産は世界有数の地位を占めている。また、綿花専業農家は約二万五千軒で従事者はわずか二〇万人以下である。その中には、雑草取りや収穫時の不定期労働者（メキシコ人などの不法移民）が含まれている。オーストラリアも同様に農業従事者は全体の3％弱で約六〇万人にも満たない。さらに、綿花専業農家は約一五〇〇戸で、わずか一万人にすぎない状況である。この少ない従事者で世界有数の生産量を誇れるのは、両国とも機械化が他の国と比べ、比較にならないほど進んでいるからである。これら二ヶ国に加え、近年、ブラジル北西部や中国新疆ウイグル自治区の大規模農場において、機械化が大幅に進んでいる。これらの綿花栽培における機械化は、開発途上国における労働集約型と比較し生産効率面において、非常に大きな差が表れている。たとえば、綿作農家数では、世界の10％に満たない大型の農業機械を用いた大規模農家（アメリカ、オーストラリア、ブラジル、中国の一部）が世界生産の45％を賄い、一方90％以上を占める開発途上国の小規模農家が55％を占めているように生産面において極端な格差がみられる。この生産能力の差が、それらの国の農民の収入の差になっている。

また、綿製品の紡織、染色加工、縫製等の製造業は、地域社会のグローバル化により世界的なサプライチェーンが出来上がっており多くの国々で雇用を生んでいる。しかし、それぞれのチェーンで、環境や人権、労働問題が発生している。たとえば、中・下流に属するアパレル業界では、染色工場における汚染水の処理などの環境問題や縫製工場での児童労働、強制労働などの人権問題があげられる。その問題解決に、先ずは、世界的影響が強く、サプライチェーンの最上流にある綿花栽培の課題への対応が急がれる。そしてその立場から、土地、水などの環境問題や社会に及ぼす影響について正面から取り組み、その成果をチェーン下流に伝える必要がある。

三　持続・再生可能な綿花生産の問題

綿花は本来持続可能・再生可能であり、地域社会の一員である農家やそのサプライチェーンに多くの雇用を創出している。一方、最近の人口増加により食料や燃料の需要が増加し、繊維生産（綿花、天然繊維など）よりも、それらを優先する動きが出てきている。綿花は何よりも人類が生きていくうえで、最も大切な衣・食・住の一つである。また、地球上のすべての人が毎日、それを使用、消費している。そして綿花は、農家、農場使用人、トレーダー、紡績・織布業・染色業者、縫製工場、デザイン・ブランド会社、小売業者等それに化学メーカー、運送・海運会社など多くのステークホルダーと密接に関係している。これらは、サプライチェーン全体の約一〇億人の生計を担っており、一大グローバル・コミュニティのメンバーである。そして、このコミュニティを将来にわたって維持するために、再生可能な綿花を持続可能とする取り組みを進めなければならない。そのためにまず、原料である綿花を栽培する農家とその暮らしを守ることが大切である。

綿花は自然素材で土に還るという環境に優しいイメージがある。しかし、綿花栽培は環境にかなり負荷がかかる方法で行なわれている。天然繊維である綿花は、加工により工業製品になる一方、農作物として地球環境と密接な関わりがある。ここでは、綿花栽培が地域社会の自然環境に与える影響や農家がおかれている社会、経済面について考えてみる。

（1）綿花栽培と水資源管理――アラル海とインダス川の事例――

水の不適切で過度な使用量を削減し、水資源の適切な利用と管理を行うことが大切である。綿花はすべての農産物の中で最も水を必要とする作物の一つである。綿花畑の灌漑用水は大量の地下水と地表水が使われている。世界的に綿花畑は60％が灌漑、40％が雨水畑地で栽培されている。灌漑によって地下水をくみ上げることで収穫量を増やすが、一方それにより湖や地下水の枯渇が問題になっている。灌漑農家は地下水や地表水を使用するが、管理が不十分な場合は枯渇する危険性が高い。UNESCO-IHE（Institute for Water Education, 2009）のレポートによれば、一枚のTシャツができ上がるまでには、二七〇〇リットルもの水を必要とする。

綿花栽培に大量の水を使う例として、次の三つをあげる。まずは、カザフスタンとウズベキスタンにまたがるアラル海が綿花灌漑用水の使用により干上がった。これは、二〇世紀最大の環境破壊といわれている。かつては世界第四位の面積を誇った内陸湖だった。一九五〇年代から旧ソ連が農業政策、特に綿花栽培に注力し、灌漑農地を開拓するためにアラル海に流入する河川を農業用水に使用した。それによってアラル海に流入する水が激減し、半世紀でその面積は以前の五分の一になり、湖底が砂漠化するほどになった。綿花栽培に大量の水を使用した結果、生産高は予定通り増産となった。しかし、そこで生活する地域住民、特に漁業従事者には死活問題だった。最近では国連等の協力でその水位は徐々に回復しつつあるが、元に戻るには百年単位の時間がかかると言われている。

また、インダス川の水をめぐる攻防も重要である。インドとパキスタンの綿花のほとんどがインダス川流域で栽培されている。この二ヶ国で世界綿花生産の三割以上を占め、その栽培のためにインダス川から大量の水が両国に引き込まれている。その過度な汲み取りによる水位の低下や農薬による水質汚染が問題になっている。インダス川上流のカシミール地方をめぐる長年の領土問題は、この水資源の確保のためでもあり、国境を越えた地域社会が複雑に絡み合っている。現状ではいまだ解決の糸口が見出されていない。

さらに、カリフォルニアの綿花生産地帯では、地下からの灌漑水の汲み取りで、地下水レベルが一〇〇年の間に2・5メートル以上下がっているとの報告がされている。ここでは、地下水の過度な使用と水質汚染が問題視されている。

なお、オーストラリアでは水不足が慢性化しており、綿花栽培の90％を灌漑水に頼っている。特に農家は節水に敏感に反応し、節減するために、木の根元に適切な時間に必要な量の水を細いホースで注水する技術（点滴潅水）が近年使われており、大きな効果をもたらした。

（2）農薬や化学肥料の不適切な使用

綿花農場で働く人々の健康被害や地域社会の環境汚染を防ぐために、化学肥料や農薬の使用を削減することが急がれる。綿花の生産には他の農作物に比べ大量の農薬や石油系の化学肥料が過度に、かつ不適切に使用されている。綿花栽培は殺虫剤、除草剤および、ベトナム戦争で使われ始めた枯葉剤など多くの農薬が使われている。綿花は世界の耕地のわずか2・5％以下で栽培されているが、そこに世界で生産された農薬や化学肥料の約10％が使用されている。農薬の使用は一九九〇年代がピークだった。当時、殺虫剤

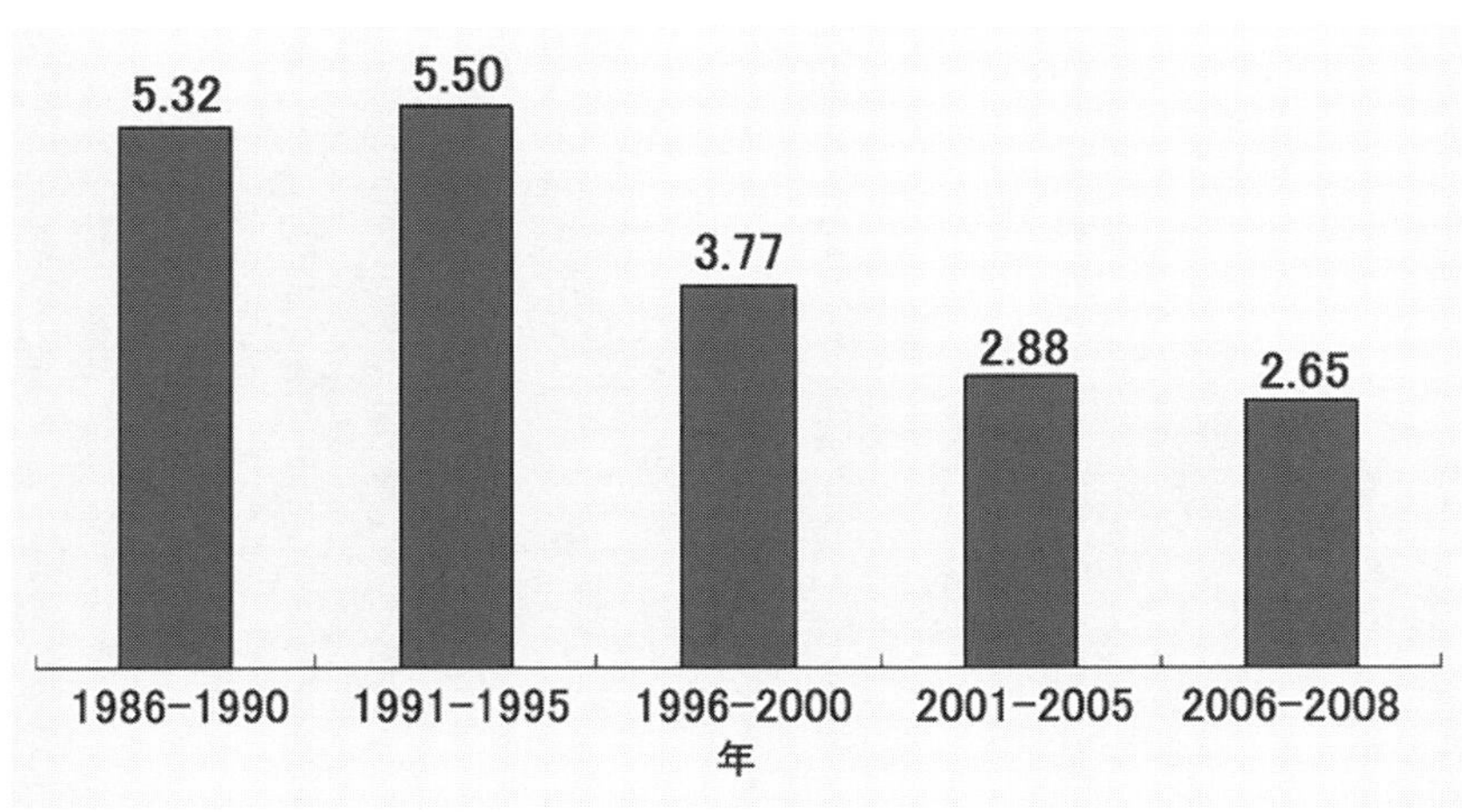

図18　アメリカ綿の農薬散布回数
出所：全米綿花協議会 Beltwide Conference Proceedings 1987-2009
同 Cotton Insect Losses Report

などの農薬は世界総使用量の20数%が綿の栽培に使われていた（日本オーガニック協会二〇二一年）。その後減少したが二〇〇八年には16%、現在でも7%を占めており、他の農作物に比べるとまだ多くを使っていることになる（図18参照）。

たとえば、Tシャツ一枚を作るのに綿が一五〇〜二〇〇グラム必要だが、その綿を生産するために一五〇グラムの農薬が使われている。インドの綿作農家では今でも毎年約二万人以上が殺虫剤を含む農薬被害で死亡していると言われている。また、綿作農地で不適切かつ過度にそれらが使用されると、水源が著しく汚染されることになる。さらに、土壌の肥沃度を低下させ、農場で働く労働者の健康や生物多様性にも著しく有害な影響を及ぼす。土壌の劣化や土地荒廃により綿花栽培に適さなくなった農地の代替として、新たに綿花畑を開拓する過程では、森林破壊や生物の生息環境の消失がさらに起こる。また、それらの農薬、化学肥料を製造し使用する際には、気候変動に大きく影響を与える温室効果ガスの排出を助長する。

以上のように、農薬や化学肥料のデメリットは本書の多くのページで述べられている。一方、それらの使用メリットとして病害虫による収穫量減少や品質低下を防ぐという面がある。もし使用しなければ、世界の綿花の生産量の10％以上が失われ、高級衣料用綿花の収量も低下する。結果、綿花はコスト高になりその消費量が減り、その分石油を原料とする化学繊維の占有率が高まることになる。そのほか、児童労働の項で述べたように、子供たちが鍬などを持つ時間や手間が省け、教育やその他の生産活動に集中できるようになる。このように、農薬使用はメリットとデメリットの両面を持っており、環境や経済面で両立できる適正な使用方法を早急に見つける必要がある。

（3）農地や水利用に対する世界的な圧力への対応

将来的には、綿花栽培の農地や水資源利用への制限などに関する圧力への対応が求められる。二〇五〇年には、世界人口が現在の七〇億人から九〇億人を超えると予想されており、今後さらに食料が40％、水35％、エネルギー50％以上が必要になると想定されている。

世界的な農地の需要は、食料・燃料生産が綿花などの繊維生産よりも優先されることが予想される。そのため、綿作農地や水資源の利用に対する制限などの圧力が高まるのは必至である。しかし、綿花栽培はそのリスクに対し非常に脆弱で、脅威にさらされている。そのような状況において、環境や社会問題と同様に綿花生産の採算性および収益性のさらなる向上が求められる。たとえば、現在、綿花は繊維用に栽培されているが、食料や燃料としての可能性も探る必要がある。

(4) 収益性の向上とそれに伴う「リスクと罠」

開発途上国の小規模農家の貧困をなくすには、農家の収益性の向上が最優先である。しかしながら、インドでは収益性を急ぐあまり栽培において伝統的な方法からテクノロジーを駆使した方法を採用した。ハイテクによる高収穫の罠にはまったようだ。それは異なる品種を掛け合わせて開発した、収穫量の増加を見込める高額な「ハイブリッド種」の活用である。一方、インドでは灌漑設備など多くのインフラは整備されていなかった。綿花の増産には、灌漑の有無が、ハイブリッド種の使用と同様に大きく関わっている。その中で、近年インドの綿作農家の自殺者が増加し、その数は毎年一万五千~二万人にのぼっている。農家は、栽培時には高価なハイブリッド種子や農薬を購入し、その多くは高利な借金に頼っている。その借金をした農家が農薬や化学肥料を適正に使えなかったり、それらが土地に合わなかったり、さらには天候異変等で収穫量が減ることがある。また、相場商品である綿花価格が下がれば借金を返せず自殺に追い込まれるケースが二〇世紀末から二一世紀にかけて頻繁に起きていた。

四 サプライチェーンにおける環境・人権問題

綿花は栽培・生産から紡織、染色、縫製、輸送、販売などを含めた地域社会と密接につながっている。

そのため、原料の生産、商品の製造やその販売などを含めたサプライチェーンは非常に長く、その管理は難しくなっている。また、綿花の多くが使われる繊維産業の中核をなすアパレル業界[4]は一見華やかに見える。しかし、環境面では生産や製造過程で大量の水を必要とし、炭素排出から見ても世界二位の環境汚染産業と言われている。さらに、それは長時間労働や低賃金といった労働環境を考慮しても、負の部分が多い業界とされる。そのため、サプライチェーンの中流や下流にあるアパレル業界は、製造過程や流通過程における諸問題の解決のためにその透明性化が注目される。

(1) 製造業における水質・土壌汚染と自然環境・健康被害

綿花栽培においてだけでなく、綿花を糸、織物にし、さらに製品化における工程においても、効率を追い求めれば薬品に頼ることになる。織布製造や染色過程において、綿糸から織物に加工する段階でも、多くの漂白剤、柔軟剤や染料が使われている。加工の工程では化学合成糊、苛性ソーダ、硫酸・塩素系漂白剤などの化学薬品が使われている。国連によると、世界の産業排水汚染の20％がファッション産業によると指摘している。ファストファッションの衣料を作る貧しい開発途上国では、染料や薬品を含む汚水処理をする適切な施設がないのが現状である。

また、染色工場では塩素入りの染色液や漂白液を素手で扱い、手を洗わずに食事をするなど教育が遅れている事例も散見される。グローバリゼーションの先頭を行くファストファッション業界は、安価な衣料を大量に作り、販売することを目的にしており、製造している途上国のエコシステムや人びとの健康が侵されていることを無視しているケースもある。また、近年、染色工場跡地の土壌汚染が問題視されている。操業中には多くの薬品が使われており、それが地中に浸み込み、土壌汚染が発生していた。そして、汚染水が地下水と混ざり人体に影響するばかりではなく、それを畑に散水したときには農作物が汚染され、最終的には、その土地には何も生育しなくなる可能性がある。

(2) 縫製工場における労働環境

綿花を糸や生地にして衣服に仕立てるのもグローバリゼーションによるサプライチェーン化により、開発途上国の重要な産業の一つになっている。近年では、バングラディシュやカンボジアに工場が集まってきている。そこでは、労働者の権利が守られているとは言えない状況がある。たとえば、法律で定められた残業時間、最低賃金、有給休暇の権利はほとんど守られていない。職場には多くの児童労働者が働いており、そのほとんどが学校に通っていない。最悪のケースは作業場の環境が劣悪で更には危険な環境下で働かされている(Munsi 2022)。

五　経済活動による環境破壊と国際会議

地域社会の拡大やグローバリゼーションにより、世界の経済活動は大きく飛躍した。しかし、地球環境はその負の影響を大きく受け、世界各地で問題が出ている。そのため、環境と経済活動のバランスある取り組みが急がれる。天然繊維である綿製品は工業製品でありながら農作物としても地球環境に密接な関わりがある。

後述の第七章で取り上げている「サステナビリティ」は、我々の経済活動が環境に配慮し、天然資源や生態系などの地球環境が回復不能なほど損なわれることがないようにすることである。この言葉が初めて使われたのは一九八七年の国連の環境と開発に関する委員会の報告書であった。振り返ると、一九七二年に、スウエーデンの国連人権環境会議において、初めて環境問題が討議され、環境保護が各国政府の義務となった。

会議のテーマは「環境と開発の両立を巡る問題への認識」だった。そこでは経済発展が、環境破壊と表裏の関係で結びついていることを認識、それをどう克服するかが、クローズアップされた。その後、このテーマは以下の生物多様性や気候変動枠組条約などを含めた多くの会議で討議が重ねられ、国連において実効性のあるＭＤＧｓ（Millenium Development Goals＝ミレニアム開発目標）やＳＤＧｓが採択された。特にＳＤＧｓ発効後は、押し付けがましい環境経営が企業や行政に定着し「環境至上主義」ともいえる極端な考え方も広がっている状況は危険を伴っている。個々の企業、国家によるバランスの取れた経済活動と環境への取り組みが必要である。

「環境問題に関する主な世界会議」

一九七二年　国連人間環境会議、スウエーデン、ストックホルム、公害問題の提起

一九八七年　環境と開発に関する世界委員会、持続可能な開発を提唱

一九八八年　気候に関する政府間パネル　世界気象機関と国連環境計画により設立
一九九二年　国連環境開発会議（地球サミット）リオデジャネイロ　環境・開発会議
一九九四年　生物多様性条約締約国会議　ＣＯＰ１　ナッソー
一九九五年　気候変動枠組条約締約国会議　ＣＯＰ１　ベルリン
一九九七年　気候変動枠組条約締約国会議　ＣＯＰ３　京都、京都議定書
二〇〇〇年　国連ミレニアム宣言（国連ミレニアムサミット）ニューヨーク　ＭＤＧｓ発効
二〇〇二年　持続可能な開発に関する世界首脳会議（リオ＋10）ヨハネスブルグ
二〇一〇年　生物多様性条約締約国会議　ＣＯＰ10　名古屋、名古屋議定書
二〇一二年　国連持続可能な開発会議（リオ＋20）リオデジャネイロ（二〇一五年のＳＤＧｓ発効の基となった）
二〇一五年　気候変動枠組条約締約国会議　ＣＯＰ21　パリ協定
二〇二一年　気候変動枠組条約締約国会議　ＣＯＰ26　グラスゴー（スコットランド）

なお、条約締約国会議（COP-Conference of the Parties）は条約を批准した国が集まる会議であり、条約ごとに設けられた最高意思決定機関である。

六　綿花の栽培耕地の限界と環境に関する理解

世界の耕地面積は一五億ヘクタールと言われる、そのうち綿花栽培には約三〇〇〇万ヘクタールが当てられ、これは世界の耕地面積全体の2％強であり、面積は比較的少ないが、農業生産価額では5％以上を占めている。ちなみに他の農産物である米やとうもろこしは11％、大豆は7％で綿花の三～五倍以上の耕地面積を占めている。綿花栽培は近年の栽培技術の進歩により単位面積あたりの収穫量が増加したこともあり、その耕作農地は最近ではわずかに減少傾向にある。今後さらなる栽培農地の大幅な減少は想定されないが、栽培技術の進歩による増産が進むならば、綿作農地は食糧など他の農作物への転作が可能となる。ところで、綿花栽培が環境へ与える影響については、負の部分が多く語られている。綿花栽培を持続的に進めるために、空気や水などの環境問題や農民を含めた地域住民の健康について、正しい理解と改善への取組に努めなければならない。たとえば、環境問題の大気汚染に関して、綿花は栽培過程で光合成をする緑色植物同様に、大気中の温室効果ガス（二酸化炭素・メタンなど）を取り入れ、葉や繊維に閉じ込め、それを根に戻し土壌を肥沃にする。綿花の木は大気から二酸化炭素を取り除くのに、非常に優れている。生産されている綿花は一〇〇〇万台の車が排出する温室効果ガスを吸収する効果を持っていると言われている。

なお、綿花はもともと乾燥に強く、砂漠などで他の植物が適応できないような暑く乾燥した気候にも耐えられる植物である。さらに汚れた泥水や海水でも栽培でき、塩分にも耐性があり海水を20％含む水でも生育可能である。東日本大震災で塩害があった水田に綿花が植えられているのも、それが主な理由である。

七　綿花生産国間の貧富の差の拡大

綿花を栽培し、輸出している国の三分の二が開発途上国である。そして、綿花生産はそれらの国全体の輸出金額において三割以上を、雇用では約二割を占めている。地域別ではサハラ以南のアフリカではとくに綿花への依存度が高く、その次は、中央アジア、南アジアが続く。こうした綿花の貿易の安定と拡大は、開発途上国の経済発展、および貧困削減の実現にとって重要な鍵である。ところが、一次産品である綿花の特徴の一つとして、価格変動が大きく国の財政に影響を与えることがある。過去において、価格低下による開発途上国の国家財政が悪化する場面がしばしば見られた。価格が下がる理由として、世界経済の低迷による商品相場の下落や、先進国による綿花農家に対する補助金制度が大きな影を落としている。かつて多くの開発途上国が食料を自給できていた。しかし、第五章で述べたように、近年、これらの国々は、先進国の農業補助金や強権的な貿易自由化による関税の引き下げなどの悪影響を受けた。それにより、ほとんどの開発途上国は食料の輸出国から輸入国に立場を変え、貿易収支は悪化し、経済は停滞した。その結果欧米やオーストラリアなどの先進農業国と開発途上国との貧富の差が、今日ますます広がっている。

八　グローバリゼーションの功罪

グローバル化は、情報通信設備の技術革新、交通手段の発達による移動の容易化、国際市場の開放により急速に進んだ。グローバリゼーション以前は、自国の生産物、知識、および文化はすべて自前・自力主義だった。しかし、現在では日本の繊維製品の九割以上は輸入品であり、食料自給率は四割以下である。また、街には世界の代表的企業であるアップル、マイクロソフト、アマゾンなどによる情報と商品が氾濫し、東証プライム市場では外国人投資家の割合が約七割を占めている。一方、世界にはトヨタ、キヤノン、任天堂の商品が街にあふれており、企業、人材、投資、情報がグローバル化し、多くの大衆はそれによって生活をエンジョイしている。他方、巨大金融資本、多国籍企業が経済的に世界を支配し、開発途上国の環境や労働が搾取されている（田端 二〇一〇）。たとえば、児童労働、熱帯雨林の開発問題、また飢餓と伝染病、教育問題が開発途上国では放置されている。先進国でも産業の空洞化による失業や、賃金・労働条件が悪化しており、貧富の格差が急速に拡大している。開発途上国では、それらは一層顕著になっている。

繊維のサプライチェーンも早くからグローバル化している。たとえば、日本のメーカーがデザインして、綿製品を輸入する場合は、原料の綿花生産（例えばアメリカ）⇒紡績、綿糸生産（ベトナム）⇒綿布生産（タイ）⇒染色、整理（タイ）⇒裁断・縫製（バングラディシュ）⇒プリント（タイ）⇒ラベル張り・包装（タイ）

⇒日本の倉庫⇒店頭・消費者と五ヶ国以上が関与している。グローバル化の現在、一カ国だけでは何もできず、協業が絶対条件である。グローバル化の機能や目的は世界的な生産のための協業システムの構築であり、それに伴う資本主義的経済システムの強化である。サプライチェーンは、かつてないほどより広範で複雑化している。

また、グローバリゼーションは労働コストの最小化も目指している。すなわち、生産拠点の労働賃金の低減が第一義的である。それに見合う繊維産業の国としては中国、タイ、ベトナム、バングラデシュが挙げられる。しかし、そこでは以前から児童労働やフェアートレードに反する不正取引の問題が発生している。ただし、グローバリゼーションはコストだけでなく、立地条件、政治的安定、および労働者の量と質を確保することも重要である。一方、海外でのコスト削減は、自国での競争力維持のために、生産コストの削減も要求される。たとえば①従業員の削減―生産工程の合理化・効率化、②賃金コストの抑制―非正規雇用の増大、③企業の減税要求、および社会的負担の軽減などが挙げられる。

このように海外協業企業への労働条件の抑制や合理化による副作用や不利益が、グローバリゼーションにより、ブーメランのように自国に跳ね返ってきている。これもグローバリゼーションが生み出した必然的な課題とも言える。グローバリゼーションの経済面の負の現象として、まずは、多国籍企業による搾取や国内産業の衰退による失業問題が顕著になる。次に、富裕層にさらなる富の集中がなされる。一方で、中流層や貧困層の没落が起き、各国内で所得格差が激しくなる。また、国家間・地域間における富の偏在が挙げられる。

注

（1）グローバリゼーションとは、技術の革新によって、従来の国と地域といった物理的な垣根を超え、政治・文化・経済などが世界規模で拡大していくこと。ヒト、モノ、カネが活発に移動し、地球規模で資本や情報のやり取りが行われる現象。

（2）サプライチェーンとは、商品や製品が消費者の手元に届くまでの、調達、製造、在庫管理、配送、販売、消費といった一連の動き。

（3）農業就労人口比はアメリカ1・3％、オーストラリア3％である。両国とも農業の比率が低い。因みに、アメリカの二〇一〇年の農場数二〇〇万軒、働く人は約二六〇万人、一九三五年には六〇〇万軒の農場であった記録が残っている。また、一八四〇年には労働人口の70％が農業に従事していたと言われている。

（4）日本では、アパレル企業といえば「衣服の生産や卸売に携わる企業」のことを指し、そして、アパレル産業とは既製服の生産にかかわる産業のことを指す。アパレル産業では本来、繊維会社から素材を仕入れたアパレルメーカーが既製服を製造し、流通業に製品を提供し、小売業が消費者に販売する、という流れである。

第七章　ＳＤＧｓと綿花

人間と綿花との距離は、この数百年の間にその重要性と利便性により急速に縮まった。人間は綿花に身近に触れることができ、また、毎年生産が繰り返されるよう大切に注意深く付き合ってきた。しかし、綿花が常に人間にとってよいことばかりでなく、悪い影響を及ぼすことが多々ある。本章のＳＤＧｓやサステナブルコットンのゴールや方向性は、本書のメインタイトルである「綿花と人間との関わり」を端的に表しており、その内容はサブタイトルである「歴史から経験と記録へ」と導く。

ＳＤＧｓ（持続可能な開発目標＝Sustainable Development Goals）は最近のトレンドワードとして新聞、テレビ、雑誌等で賑やかに取り扱われており、企業や学校でも大きく取り上げられている。一方、やたらと持続可能性を話題に掲げ主張する政治家や企業が急に多くなったのには、少し胡散臭さが感じられる。ＳＤＧｓは二〇一五年に国連で採択されており、二〇〇一年に策定されたＭＤＧｓ（Millenium Development Goals＝ミレニアム開発目標）やそれ以前の一九七〇年代から国際会議で何度も討議・合意された案件が基になっている。内容的には多くの目標が盛り込まれており、社会に関心を持っている人には簡単に理解しうるものだ。目標（Goals）は、ハードルの高いものでも、困難なものでもなく、ごく一般の常識と道徳観があればクリアできるものである。

さて、綿花栽培において、一九七〇年代から一九八〇年代にはアメリカで大量の化学肥料や農薬が使用され、それが人体や土壌に悪影響を与えていると危惧されていた。さらに、植付け時期には灌漑水を多く使用するために地下水が減少し、一般市民への生活水の供給に支障をきたした。このような問題を契機として、同時期に全米で環境保護の運動がおこり、後述のオーガニックコットンのイニシアティブが始まった。当初の環境保護に加え、人権問題や社会問題を内包して、現在のオーガニックコットン運動への取り組みへと発展した。一九八〇年から九〇年代にかけて、各国でも綿花栽培において、既述のような諸問題が発生し、サステナブルコットンの必要性とその概念が生まれた。オーガニックコットンはそのうちの一つであり、その取り決め内容は理想的であると評価され、世界的に成功した事例の一つと認識されている。しかし、一方でその内容が現実的に厳しく、普及が他のイニシアティブよりも遅れている面が指摘されるようになり、今後の実行性や運営についての検討課題が残されている。オーガニックコットンを含んだサステナブルコットン・イニシアティブは、このＳＤＧｓと内容的には関連し重なっている部分が多くみられる。

一　サステナビリティ（持続可能性）の定義

サステナビリティ（sustainability）は現在の趨勢であり、「持続可能な」という修飾語が付いた表現がメディアで氾濫している。サステナビリティは日本語に訳すと「持続可能性」を意味し、一般的には「人間活動や自然環境が多様性と生産性を失うことなく、長期的に継続できる能力」の全般に対する概念のことを指している。環境・社会・経済の三つの観点からこの世の中を持続可能にしていくという考え方である。持続可能性の考えは一九七〇年代から形成され、現在のままの人口増加と環境汚染が続けば、あと一〇〇年で地球の成長が限界に達するとの警鐘が鳴らされたことも一因である。また一九四七年のアメリカの科学雑誌（世界終末時計）の影響があるかもしれない。世界は第二次世界大戦後の西洋文明社会の物質的な豊かさを求めて成長と繁栄の道を一直線に歩んできた。このサステナブルという考え方は、物質主義一辺倒、すなわち大量生産や大量消費により自然環境が破壊されることから目をそらしてきたことに対するアンチテーゼ「Antithesis 反定立」である。それはまさに地球環境悪化に対する警告でもある。

サステナビリティは、環境保護から始まった。それは、環境保護への取り組みが社会福祉や基本的人権の享受に影響することが認識されたからである。サステナビリティの歴史を遡ると一九七二年にストックホルムで行われた国連人間環境会議にて始めて意識された。その会議では、第六章五節「環境問題に関する主な世界会議」に述べたように、「発展と繁栄の影を落として」と題して公害問題も討議された。当然日本の公害問題が話題となり、日本から水俣病[(1)]の患者も出席した。当時は、日本の急速な経済発展が奇跡の成長ともてはやされていた時代でもあった。しかし、この成長・発展・繁栄の影で深刻な公害問題（環境破壊）が起きていた事実を国際社会に認知させた会議でもあった。当時の公害と現在の地球環境問題とは、性質が異なっている。公害対策は、煙突からでる有害なガスを吸収する装置を設置することが中心であった。しかし、気候変動問題などは異なる対策が必要であり、これは国連を中心にSDGsなどでまとめられている。また、一九八七年の「環境と開発に関する委員会」において、「環境と開発は互いに反するものではなく、開発においては、環境の保全を考慮すべき」とのスローガン（Sustainable Development）が初めて認知された。さらに、そのスローガンは一九九二年の国連環境開発会議において「リオ宣言」として採択された。これは従来のテーマである「環境保護」に「持続可能な開発」というサステナビリティを意識したテーマを加えたものである。それらを実現・実行するための「アジェンダ21」（21世紀に向けた行動計画）が採択された。[2] その行動計画と考えが、後のMDGs（二〇〇一～二〇一五年）やSDGs（二〇一五～二〇三〇年）の策定の基になっている。またこの時に開始された気候変動枠組条約の署名は、後の京都議定書の策定や二〇二〇年のパリ協定に至る「気候変動に対する国際的な取り組み」の基になっている。

二　サステナビリティの三つの観点とエシカル

次世代に向かって、良好な状態を維持するサステナビリティの要素は、三つの観点から次のようなテーマが取り上げられる。まず「環境」、すなわち自然環境保護、温室効果ガス削減、生物多様性である。次に、「人間社会」は、ジェンダー、教育、健康などである。最後に「経済」、すなわち労働環境問題（搾取、チャイルドレイバー）、フェアトレード、貧困問題などが挙げられる。サステナブルの話題にあまり馴染みのないエシカル（Ethical ＝倫理的、道徳的）という言葉が登場している。これは人間社会、地球環境、地域社会に対し、優しく、良識的、倫理的、道徳的であることを意味する。この意味する内容は、企業活動の範囲にとどまらず、消費者による人や環境などに配慮する行動を含んでいる。エシカル消費という言葉も使われている。それには①環境消費、②社会消費、③地域消費、という三つの側面がある。たとえば、地域消費は震災や災害などの被害地を応援するために地産物を消費することだ[3]。

このようにエシカルな行動はサステナブルを実現することになる。サステナブルは、時や場所により社会貢献、エコ、ロハス、フェアトレード、ＣＳＲ、オーガニックなどの言葉と同義語のように使われている。しかし、これらはエシカルに内包されており、倫理的、道徳的といった言葉は、何よりも勝っている。さらに、エコ、ロハスと言った環境だけへの配慮を表す言葉に比べてみると、環境問題だけでなく、幅広い社会問題への配慮を一言で表せるエシカルという言葉は使い道があり奥行きがある。言葉の遊びではないが、エコは環境であり、ロハスは環境と健康を表現している。エシカルはさらに視野を広げた背景やストーリーにフォーカスし、サステナビリティと相性が良い言葉でもある。日本人にとって、エシカル、モラル、エチケット、もったいない等の言葉が文化的、習慣的に理解しやすいと思われる。

三　サステナビリティと企業の綿花を介在した社会的貢献

ここで注視されている「社会的貢献」は相反するエコノミーとエコロジーを同列で探求することである。

コーポレート・サステナビリティ（Corporate Sustainability）は、企業が事業活動を通じて、環境や社会、経済に与える影響を考慮しながら、長期的な企業戦略を立てていく取り組みである。サステナビリティは、地球環境や資源開発における概念として提唱されているが、近年ではビジネスにおいても考慮されることが多くなってきた。経営戦略や商品の提供などにおいて、持続可能性を確保することは企業の社会的責任（ＣＳＲ）の観点から重要視されているからである。企業活動は環境、社会や経済と深く関わっている。ＣＳＲは倫理的な観点と言う意味で、企業が自らの利益だけを追求するのではなく、組織活動が社会に与える影響に責任を持つことである。そのうえ、「あらゆるステークホルダー（消費者、投資家及び社会全体）からの要求に対して適切な意思決定をすること」と定義されている（一般財団法人　日本児童養護施設財団 Japan Children's Home Foundation 2022）。すなわち、社会の一員として責任ある経営を行うことである。具体的には東日本大震災や台風、洪水の際に、企業が寄付や物資の提供を行っていることも一例である。さらに、開発途上国に対して、学校を建てたり、子供を就学させたり、医薬品の提供や砂漠地帯に植林を行うことも含まれている。

たとえば綿花においては、オーガニックコットンの栽培、ファッション業界では商品をフェアトレードで製造販売することなどがある。企業におけるサステナビリティは社会貢献活動と深い関係がみうけられる。それは両者の方向性が同じで、対象範囲が限定されているかどうかの違いである。持続可能性は企業だけでなく、政府、自治体、団体、および個人にわたる責任をさしている。しかし、ＣＳＲは企業に限っての責任をさす。そして、ＣＳＲの取り組みを実行することによる企業のメリットは、ブランドの成長、コスト削減、リスクの低減、およびステークホルダーから得られる信頼である。

今はよくても、長い目で見たときにデメリットが大きいことはサステナブルではない。持続可能なことやその行動から目をそらすことはリスクをともなっている。経済的な発展（エコノミー）と地球環境や社会に配慮する（エコロジー）は相いれないように思われる。しかし、経済発展を続けながら、地球環境や社会をよりよくする方法を探求することが、サステナビリティの考え方である。また、ＣＳＲ活動に取り組むメリットは、①企業のイメージアップ、②顧客との関係強化、③従業員満足度の向上などが挙げられている。以下はこのＣＳＲ活動に関する事例を列挙している。

(1) ＣＳＲの具体例

(1)インドのオーガニックコットン農家への支援

このインドでの支援の一例は「あとがき」で述べている（株）フェリシモの葛西氏が中心になって二〇〇八年に立ち上げた支援プロジェクトである（葛西　二〇二二）。はじめはウガンダなどのアフリカ諸国も候補に挙がっていた。しかし、フェリシモは以前インドにおける植林事業で荒れ果てた原野にゾウが戻ってきた成功体験もあったので、場所は最終的にインドに落ち着いた。これはインドの学生や子供達を支援するプロジェクトである。栽培場所はインド東部、ベンガル湾に面したインドでも貧困問題が顕著であるオリッサ州のチェトナが選ばれた。日本から飛行機でニューデリーへ、その後は自動車、電車、川船、オートバイで三日以上かかる大変不便なところである。場所選定は現地ＪＩＣＡ（Japan International Cooperation Agency）の協力を経て決まったと報告されている。

パートナーの選定と支援内容の決定に約三年を費やし、日本の消費者の協力のもとに一〇年で約一億円の基金が出来上がった。有機農法へ転換した参加農家は一万五千軒だった。これはインドでオーガニックコットンを栽培し、日本で製品化・販売し、その利益を基金とした。特に農家のオーガニックコットンへの転換支援に力を入れ、農家の子供たちの児童労働を禁止し、就学・復学を支援した。その児童数は約二一〇〇人、さらに奨学金を受けた学生は千人に上った（巻頭カラーページ図19・1、図19・2、図19・3参照）。これは成功した事例で、頓挫した例もいくつか挙げられる。

このプロジェクトは最初からハッキリした目標を持ったこと、またプロジェクトの担当者たちが何度も現地に足を運び、支援する側と農家とがお互いに納得することができたことが成功につながったと思われる。たとえ素晴らしい計画案ができても、その実行を現地任せにして失敗した例が多くみられる。ちなみに、彼らの目標は次の五項目だった。

①農薬による健康被害、土壌汚染による地下水の被害がなくなり、農家の人達が健康になる。
②土地に合った種子と農法で収穫を増やす。
③貧困や労働力不足で働かされている子供たちが安心して学校に通える。
④収穫量が増え、畑も村全体も元気になる。
⑤有機栽培により農家は農薬や化学肥料を買うための出費が軽減され、借金苦からの自殺者がなくなる（葛西　二〇二一）。

（2）東北コットンプロジェクト

二〇一一年の東日本大震災における津波により、多くの水田が塩害のため耕作不能となった。綿花は塩害には比較的影響が少ないことを知った有志がその農地に綿を植えようと提唱し、市も災害復興支援（農業の再生、雇用創出、また綿栽培という新産業創出）の一環として賛同し、東北コットンプロジェクトが立ち上がった（宮川　二〇一四）。

当初は毎週千人のボランテイアが参加し、畑づくりや植え付け、刈り取りに参加した。このプロジェクトにはCSRの一環としてJAL（日本航空）をはじめ多くの企業が参加した。収穫量はわずかだったが、そこで採れた綿花を基に一流の繊維企業が参加し、製造された商品には「東北コットン」とブランド名を統一して、知名度が上がるように努めた。東北コットンは一部有機栽培で育てられているが、厳密な意味でオーガニックコットンではない。その製品は色々なところで手に入れることができ、いわゆる「エシカル消費」である。これは、復興を目的にしたボランティア活動が中心で、地域の活性化にコットンが大きく役立っている一例である。

（3）カンボジア地雷原コットンプロジェクト

カンボジアではベトナム戦争（一九五五年〜一九七五年）とその後二〇年続いた内戦で多くの人が傷ついた。その間、埋められた地雷の数は世界一で四〇〇〜六〇〇万個と報告されている。ちなみに地雷は一番安く簡単にできる武器だと言われ、最近までに約七万人がその犠牲者になったと報告されている。

その後戦争が終わってからも除去もされず、その場所へ足を踏み入れた人たちが地雷の犠牲になっている。その地雷原から地雷を除去し、その土地を開墾してオーガニックコットンを栽培し、地雷被害者の自立支援と生活向上を目指そうとする地雷原コットンプロジェクト「ＷＩＴＨ　ＰＥＡＣＥ」が二〇〇九年に日本の企業や一般社団法人によって始まった。この地雷除去は以前より国連を通じてなされ、日本政府も同じころから除去のための技術指導者派遣などの援助を始めた。問題は除去をしながらその土地を有効に使い、いかに住民が安全に暮らせるかということである。そのためには基金が必要となった。それを得るためにはオーガニックコットンを植えそれを原料に製品化、販売しその一部を被害者の生活自立支援に使えるようにプライベートのプロジェクトが立ち上がった。しかしながら、現状、収益性及び現地パートナーの両方の観点から、事業は一旦停止されている（Made in Earth 2014）。

四　サステナビリティ、ＭＤＧｓ、ＳＤＧｓ

第六章五節ですでにサステナビリティからＭＤＧｓを経て、ＳＤＧｓが策定された過程について簡単に触れているので、ここでは、読者が本章の内容に関する理解を深めるために、そのプロセスの概略を述べることにする。ＳＤＧｓはサステナビリティを実現するために、国連が定めた「持続可能な開発目標」である。さらに、「将来世代のニーズを満たす能力を損なうことなく、現代世界のニーズを満たすようなこと」を意味している（United Nations Information Center 1987）。

一九八七年の「環境と開発に関する世界委員会」においてSustainable Developmentが認知された後、多くの国際会議が重ねられた。SDGsは、二〇〇〇年発効のMDGs（ミレニアム開発目標）を引継ぎ、二〇一五年に国連で採択された。この「SDGs」という標語は、近年多くのメディアを通じて毎日のように、その内容が報道されており、最近ではなじみのある言葉になってきた。この運動は、二〇三〇年まで世界的に進められることになっている。MDGsは、二〇一五年までに貧困や飢餓の撲滅、開発途上国の開発など八つの目標と二一のターゲットが具体的に定められていた。二〇一五年の達成状況によると、第一に掲げた目標である「極度の貧困と飢餓の撲滅」に関して最も良い成果が出ていた。たとえば、一九九〇年から二〇一五年の間に一〇億人以上が極度の貧困から脱却したとの報告がされている。その後、MDGsの発効からいくつかの問題が浮き彫りになってきた。これらの問題を解決するために新たな目標が追加されSDGsが策定された。サステナビリティの実践を後押ししたのがSDGsである（図20参照）。

図20　SDGsロゴ
出典：国際連合広報センター。

二〇一五年国連サミットにて持続可能で包摂性（ほうせっせい）のある社会の実現のために、二〇三〇年を年限とする一七の国際目標と一六九のターゲットが設定され、採択された。MDGsは開発途上国の貧困や開発問題が中心で、先進国はそれを援助する側という位置づけだった。しかし、ＳＤＧｓでは先進国は開発側面だけでなく、経済・社会・環境的側面も共通課題としている。ＳＤＧｓとは、持続可能な開発目標を指している。これは発展や豊かさを追求しながら、同時に貧困、飢餓、環境問題にも配慮し、持続可能性も取り入れようとした考え方である。

サステナビリティとＳＤＧｓは相互補完関係にある。サステナビリティは、環境、社会、経済と言った大まかな枠組を指すのに対し、ＳＤＧｓはそこからさらにテーマを掘り下げ策定された。特筆すべき点は、ＳＤＧｓは「地球の誰一人として取り残されない」ということも目標にしている。すなわち、多様性と包摂性がもたらす持続的な社会の発展を目指している。ＳＤＧｓを達成するための担い手は、政府や自治体、大企業だけではなく、個々の中小企業や個人も含まれる。ＳＤＧｓはＭＤＧｓの流れから開発途上国の目標と思われがちだが、先進国、企業、ＮＧＯや個人を含めた広範囲なものとなっている。なお、民間企業の参入により、ＳＤＧｓは一二兆ドルの経済効果と三億八〇〇〇万人の雇用が見込まれていると二〇一七年のダボス会議で予想されている。特にＳＤＧｓが一七の目標に適切に取り組むために次の五つの主要原則が重視されている。

①普遍性：先進国と途上国が、国内外の両面で目標に向けた行動をとる。
②包摂性：人間の安全保障の理念を反映して、だれ一人取り残さない取り組みをする。
③参画性：目標達成のためにすべてのステークホルダーがそれぞれの役割を持つ。
④統合性：社会・経済・環境は相互に関連性があるため、すべてに統合的に取り組む。

⑤透明性：指標を定め、第三者によるモニタリングを通して定期的に内容を評価・公表する。

五　サステナブルコットン・チャレンジ

次世代の綿製品の主役は「サステナブルコットン」と言われている。現在のトレンドワードのサステナブルという言葉は、いろいろなものや場面で使われている。たとえば、サステナブルコーヒー、サステナブルフード等と数えきれない程の言葉があげられる。サステナブルコットン・チャレンジは、持続可能な綿花栽培への挑戦であり、オーガニックコットン、フェアトレードコットン等の割合を高める運動である。綿花は持続可能・再生可能な資源である。「サステナブルコットンは環境への影響を最小限に抑えながら生産レベルを維持できる方法で栽培されている。それらは、生産者が長期的な環境への制約と社会・経済的な問題に対応しながら、生計と地域社会を支えることができるものである。」と定義されている（Cotton Up Guide 2020）。サステナブルコットンのスタンダードは、それぞれの取り組みにおいて若干違いはある。しかし、基本的には、以下の三点が共通している。

①農場での有害化学物質の使用を削減すること。

②過剰な水使用を減らし、良質な水資源を保持すること。

③綿花農家の健康被害をなくし、収穫量の増収により農家単体ではなく地域全体の生活の向上を図ること。

そして、この「チャレンジ・取り組み」は、いずれも履歴を追えることになっている。また、その中のオーガニックコットンは環境面を、フェアトレードコットンは社会面を主に制度化したものである。代表的なサステナブルコットンであるオーガニックコットンの歴史は、前述のごとく一九八〇年代後半に始まっている。それは、国連で環境や開発問題の議論が始まった頃と同時期でもあった。また、Sustainable Development（持続可能な開発）という言葉が世界的に認知された時期でもありその後のＳＤＧｓにつながっている。綿花栽培がいち早くオーガニックコットン・イニシアティブに反応したのは、このころすでに、公害問題などが危惧されていたからだと言われている。

六　代表的なサステナブルコットン・イニシアティブ

綿花生産には色々な取り組みがある。そうした中で、長期的な環境の制約と社会・経済的な問題に対応しながら、綿花の生産レベルを維持し、生産者の生計と地域社会を支えることにフォーカスしているのがサステナブルコットンとされている。しかし、「サステナブルコットン」の定義はひとつではなく、さまざまな基準や認証制度が存在する。近年、世界的に綿花に関する環境・社会問題を解決するために、持続可能な栽培方法で生産された綿花の使用を促進する動きが活発化している。また環境・社会・人権・生物多様性への考慮を共通項にし、多くのサステナブルコットン・イニシアティブが、すでにマーケットではよく知られているオーガニックコットンに続いて生まれた。サステナブルコットンの取り組みは約一五件

（一部重なり合っている）を数え、三二ヶ国で栽培され生産量は七八〇万トンと前述のごとく全綿花生産量の約30％を占めるようになっている（Textile Exchange 2020）。以下では主な代表例を紹介する。なお、「オーガニックコットン・イニシアティブ」については、他に比べ先行しており、色々な評価と課題があるので、次の七節で詳細を述べる。

（1）フェアトレードコットン・イニシアティブ

第三章で述べたフェアトレードから綿花にフォーカスしたフェアトレードコットンは、オーガニックコットンとセットで扱われることが多い。このフェアトレードコットン・イニシアティブは二〇〇四年から始まり、従来の取引が開発途上国の零細農家に不利な条件だったものを、生産者と購入者を対等なパートナーと位置付けている。この取り組みは生産者にはより良い条件を、さらに消費者には毎日の買い物で貧困を減らすことに貢献する一体感を提供するものである。また、これは生産者と購入者が対等で継続可能な直接的取引環境の創出を意図するものでもある。コットンの取引には通常、先進国に有利で開発途上国には不利な構造が見受けられる。開発途上国の多くの綿花生産者の販売価格は生産コストを下回るという厳しい状況がよくある。まずは、これを是正することである。次に、農地での危険な農薬の使用を取り止めオーガニック栽培を奨励するために、価格の上乗せを求めている。そして、オーガニックと同様にフェアトレードコットンも認証が必要である。フェアトレードコットンは開発途上国の農村部の貧困への取り組みにフォーカスし、社会面を制度化している。なお、「フェアトレードコットンのうち約九割」は、インド産であり、その生産量はわずかであるが、少しずつフェアトレードコットンの生産量は増えている（Takatsuki 2020）。

（2）ベターコットン・イニシアティブ（ＢＣＩ）

このＢＣＩ（Better Cotton Initiative）という取り組みは、二〇〇五年に世界自然保護基金（Wildlife Fund）によって設立され、綿花を生産する人々の生活や環境を未来に向けて、現在よりもベターにすることを主な目的としてスタートした。まず、長期目標として人と環境に悪影響を与える水と農薬の使用を減らし、土壌の改善や綿花生産者の労働環境を整えることである。さらに、農業コミュニティの構築、世界的なサステナブル綿花の生産に関する情報交換、サプライチェーンの透明性の確保などにより、農家の収益アップを実現することである。また、ＢＣＩへの参加の判定基準はプレミアム製品を作ることを目標とはせず、参加する農家の農薬使用、水の使い方、健康と安全を主眼としている。さらに、この運動は繊維の品質、生育環境保護、結社の自由、児童・強制労働、差別問題も判定基準に入れている。

ＢＣＩの特徴は遺伝子組み換えには中立的な立場をとっており、また公式の認証も必要とせず、フェアトレードコットンのような生産地（開発途上国か否か）との関わりがない点である。ＢＣＩのライセンスを取得した農家が約六二〇万トン以上を生産しており、これは世界の生産の24％に相当する。ＢＣＩはサステナブルコットンの大半を占めていることになる。なお、この取り組みの先導者は綿花生産者や政府関係者ではなく、繊維業界の川下のＨ＆Ｍ、ＮＩＫＥといった大手グローバル企業が先頭に立っている。しかし、ＢＣＩは必ずしもオーガニックコットンと相反するものではなく、メインストリームを改善することを目的としている。以上のことから、各種のコットンイニシアティブの中で、参加メンバーは最も多い。なお、現在の中国新疆ウイグル自治区の強制労働問題が広く知られるようになったのは、この地域でＢＣＩ認定を取りやめたことが主な理由だと言われている。

（3）USコットン・トラスト・プロトコル

国際綿花評議会（ＣＣＩ）の主導によりアメリカ綿花業界が二〇二五年に向けた米国綿のサステナビリティプログラムを策定し決定した。サステナビリティ目標値には下記のような具体的な改善目標が掲げられている。①生産性13％向上（土地面積の削減）、②灌漑用水の使用18％削減、③温室効果ガス排出39％削減、④エネルギー消費15％削減、⑤土壌侵食50％削減、⑥土壌炭素30％削減（U.S. Cotton Trust Protocol 2018）。

このイニシアティブは世界各国のいくつかのサステナブルコットン・イニシアティブの活動の影響を受けて、ようやくアメリカが国を挙げて綿花に関するサステナビリティの実現に向けて具体策を発表したものである。数値目標を掲げたことには、アメリカ綿花業界の取り組みに対する真剣度が伺える。なお、この決定は、世界各国のＮＰＯ団体が進めるサステナブルコットン・チャレンジ運動の影響を受けたものでもある。

（4）コットン・メイド・イン・アフリカ

コットン・メイド・イン・アフリカ（Cotton made in Africa, CmiA）は、二〇〇五年ドイツのAid by Trade Foundation（ABTF）により設立され、アフリカ産サステナブルコットンとして国際的に認められた基準である。これはサハラ以南アフリカの小規模農家の生活と労働条件を改善し、環境を保護する取り組みであり、農村部の貧困に焦点を当てている。また、寄付だけではなく、貿易を通じて農家の人々の自助努力を助けることを目標としている。なお、オーガニックコットンと同様に遺伝子組み換え種子の使用を禁止している。参加国はウガンダ、タンザニア、カメルーン、エチオピアなど一〇ヶ国で構成されており、これにより約五五〇万人が恩恵を受けている。生産量は一五～三〇万トンとアフリカ全体の10～15％を占めており、サステナブルコットンとして、重要な役割を果たしている。

七　オーガニックコットン

オーガニックコットンは、認知度が高く他の取り組みより先行したサステナブルコットンの代表格で、環境負荷の低い栽培方法がとられている。それはまたエシカル（道徳的）という意味で、環境や労働者から搾取のない倫理的な生産物や製品であることを指している。これにはサステナブル、エコ、チャイルドレーバー、フェアトレード、オーガニックといった内容をも含んでいる。オーガニックコットンの取り組みは、本章の第一節「サステナビリティ」の定義で述べているように、石油ずくめや大量生産・消費といった物質主義に対するアンチテーゼ（Antithesis ＝ 反定立）である。すなわち、脱石油そして自然に帰れとの呼びかけである。引き返すことはできないが、将来に対し何ができるかを考え、それを具現化する試みである。なお、オーガニックコットンの生産量は、一五年前の二〇〇六～〇七年度の五万五千トンから二〇〇九～一〇年度の二四万トンと五年間で四倍強の増産となった。しかしその後しばらくは約一二万トンと減少・低迷していたが二〇一八～一九年度には回復した。一方、全綿花の生産量も増えており、綿花全体に占める割合は1％に満たない。

オーガニックコットンの生産量は、次のとおりである。二〇一九～二〇二〇年度：二五万トン（綿花全体の1％未満）農家数：二三万軒、生産国：二一ヶ国、主な生産国：インド―50％、中国―12％、キリギスタン―12％、トルコ―10％、タンザニア―5％、タジキスタン―4％、アメリカ―3％、その他―4％（Textile Exchange 2021、ＮＰＯ法人日本オーガニックコットン協会）。

（1）オーガニックコットンの歴史的背景

オーガニックコットンは自然と共生し、環境に負荷を掛けずその保全を図る事を目標の一つとしている。第一章三節で述べたようにその活動の歴史は古く、一九八〇年代に環境保全を目的にアメリカで始まった。当時、綿花畑にはアメリカを中心に世界の殺虫剤使用量の20％以上、化学薬品は約10％が使用されていた。これは一kgの綿花を収穫する為に五kgの農薬が使われていたことになる。綿花畑での農薬使用は一九九〇年代の20数％をピークに、その後減少し二〇〇八年の段階では殺虫剤の使用は16％、農薬全体では7％まで減少した（NPO法人日本オーガニックコットン協会、二〇二一年）。その後も減少傾向にあるが、まだ他の農作物と比べ高止まりしている。農薬や化学肥料の不適切で過剰な使用は化学物質が土を汚染するだけでなく、それらが土壌に浸み込みそこに生息していた微生物にも被害を及ぼすことになる。さらに、水質の低下を招き、人体にも悪影響を与えるなど公害問題の要因にもなり、多くの国で環境汚染問題が話題になった。これより以前に、国連において、過去には人口増加や環境汚染問題が提起され、国連人間環境会議、国連環境開発会議や気候変動枠組条約締約国会議（COP）が開かれ、さまざまな国際開発目標が採択された。綿花栽培を含めた多くの社会・環境問題が、国連で世界的なテーマとして扱われてきたことがオーガニックコットン・イニシアティブを後押しすることにもつながった。

（2）オーガニックの定義とオーガニックコットンの表示

オーガニック（有機農業）は以下のように定義されている。

「有機農業は土壌・自然生態系・人々の健康を維持させる農業生産システムである。それは、地域の自然生態系の営み、生物多様性と循環に根ざすものであり、これに悪影響を及ぼす投入物の使用を避けて行われる。オーガニック農業は、伝統と革新と科学を結び付け、自然循環と共生してその恵みを分かち合い、そして、関係するすべての生物と人間の間に公正な関係を築くと共に命（いのち）・生活（くらし）の質を高める。」（IFOAM—国際有機農業運動連盟—で二〇〇八年に定めた定義より）

オーガニックという言葉は、安全なもの、環境に配慮した生産方法によるもの、さらに化学合成農薬や化学合成物質を避けて生産されたものと一般的に理解されている。このオーガニックという言葉は、日本では有機と置き換えて使われている。

さて、「オーガニックコットン」と表示できるものには、原則として次のように農場における栽培に関する取り決めがある。

①約三年、農薬や化学物質が使用されていない農場で栽培されること。
②禁止されている農薬を使わず、登録された有機農薬・有機肥料を使用すること。
③遺伝子組み換え種子（GMO）を使用しないこと。
④第三者認証機関による農場の実地審査を必要とする。

以上の①から④は第三者機関の認証を必要とする。なお、認証基準は主に国や地域で作られるので、多少の違いがある（NPO法人日本オーガニックコットン協会、二〇二一年参照）。

また、オーガニックコットンとは、ただ栽培方法が農薬や化学肥料に頼らないというだけではなく、さらに人や環境のすべてが健全であることを目指している。そのため、多くの企業やNPOが、オーガニックコットンの取り決め以外に、次のような社会・労働環境のルールや活動を定めたそれぞれのオーガニックコットン・イニシアティブなどを策定している。

①社会規範（雇用状態や女性の権利）を守り児童労働が行われていないこと。
②開発途上国においてフェアトレードで取引されること。
③社会的責任（CSR）を果たし、社会活動を行うこと。

表３　在来綿とオーガニックコットンの綿作システムの相違点

	コンベンショナルコットン（在来綿）	オーガニックコットン
遺伝子組み換え種子	許可	禁止
種子の準備作業	殺菌剤及び殺虫剤処理を許可	化学物質処理を禁止
肥料	合成化学肥料を許可	有機肥料を使用
輪作	規制なし	輪作作物は有機栽培でなければならない
灌漑	すべての方法を許可	水使用の低減を奨励
雑草防除	化学物質の雑草防除を許可	雑草の非化学物質の防除
害虫駆除	殺虫剤を含め、農薬を許可	有機殺虫剤と生物学的駆除
収穫	成長調整剤、乾燥材及び落葉剤を許可	成長調整剤、乾燥材、及び落葉剤を禁止

出典：ICAC、綿花週報（日本綿花協会）

（3）オーガニックコットンと環境

オーガニックコットンは、同じ生産量の綿花を育てるのに従来の綿花（conventional cotton）より多くの畑スペースが必要とされている。本書の表題である「綿花と人間との関わり」の中で、オーガニックコットンと環境という課題をさらに掘り下げることにしたい。

ここでは、Ｐｉｚｚａ（二〇二二）の考察に基づいた説明をする。オーガニックコットンは通常のコットン（conventional cotton）とは異なり、より環境にやさしいとされている。それは自然に依存し、過剰な水、化学肥料そして農薬などの無機的な工程を必要としないからである。一九四六年イギリスの農場で設立された土壌協会（Soil Association）によると、オーガニックコットンは従来の綿花栽培に比べ、水の使用量が約91％少ないとされている。これは、オーガニックコットンが土壌の肥沃度を高めるシステムを使用しているため、土壌が水を吸収し、乾燥した時期には水を放出することを可能としたためである。さらに、過酷な化学物質を使用しない有機土壌は、気候変動に強く、変化する気候システムにも耐えることができるのである。土壌協会は、オーガニックコットンの生産によって温室効果ガスの排出量を46％削減し、水路への汚染を26％削減できたと報告している。また、オーガニックコットンは、遺伝子組み換え種子や過激な農薬を使用していないとしている。そしてオーガニックコットンの栽培は、従来の綿花栽培のような持続不可能な慣行を排除しているため、環境や野生生物および人体への影響が少ないとされている。その生産は農家にとっても安全であり、有害な化学物質にさらされることなく、より安全な生産が可能である。

（4）オーガニックコットンの現状

オーガニックコットンは、他の取り組みよりも先行していたこともあり、サステナブルコットンの代表だと言われている。また、オーガニックコットンは、時代の要求に合致し、一大ブームを作り上げた側面もある。さらに、メディアではそのメリットが大きく強調、とくに美化され、デメリットや負の部分はあまり語られていなかった。その理念や方向性は世界的に賛同を得て、この取り組みの認知度が広がり大きく前進した。しかし、その将来への展望と実現性に危惧が生じてきた。それによって出来上がった衣料は「オーガニック」「有機栽培」などの響きの良い言葉で宣伝され、何となく体に良さそうとのイメージが先行している。

これに対し、通常の綿花（コンベンショナルコットン）を使った商品は人体の健康や自然環境に害を与えているような悪い印象が、一部の誇大宣伝により出来上がっているように見える。意外に正しく知られていないが、一般的な綿花とオーガニックコットンによる製品の人体に与える影響に差異はない。もし、オーガニックコットンは着心地がよいとするならば、仕上げ加工による違いである。このような間違った誇大宣伝は綿花生産の大半を担っている通常の綿花を栽培している農家やそれを糸や織物にする紡績・織布会社に、さらに、通常の綿花のみ扱っている綿花商社に不利益を与えていることになる。多くの綿作農家や綿花商はオーガニックコットンの重要性を理解しているが、一般の人々が思うほどに興味を持っていないかもしれない。アメリカやオーストラリアなどの機械化された綿産国では、それは手間や時間がかかる割に生産性が低く、費用対効果が悪く、コストが高くなるからである。それに対し、インドなどではオーガニックコットンのコストは通常の綿花と変わりなく、販売価格はさほど高くない。これは、前述のオーガニックコットンの生産国と生産量からも理解できる。尚、オーガニックコットン製品の市場に関し、日本では主に小規模小売店や専門店の扱いが多く、繊維業界では小さい部類に入っている。しかし、海外では製品の差別化を図る有名ブランドや大手小売り業者の販売が多く、この点からも、国や地域によってオーガニックコットン製品の認知度の違いがわかる。

(5) オーガニックコットンの目指す方向性

オーガニックコットンは「自然と共生すること」を目的にしており、主に環境面の制度化に重点を置いている。人類は、第二次世界大戦後の西洋文明社会において、大量生産や大量消費の物質的な豊かさ求めてきた。その結果、公害問題に端を発した自然環境の悪化を引きおこした。さらに、農場で働く労働者の健康被害や人権から目をそらすと、人類の成長が止まり、後退するとの危惧や反省があった。このような状況から脱却するため、オーガニックコットンに関するイニシアティブは一九八〇年代に環境保全を目的としてアメリカで始まった。オーガニックコットンとは有機農業基準に沿って栽培され、認証された綿花である。前述のごとく、世界約二〇ヶ国以上で生産されているが、全綿花生産量のわずか1％以下である。一般的に綿花を栽培するには大豆や小麦などの他の農作物よりも手間がかかる。そのため、農家にとって、綿花の有機栽培をさらに進めることは、大きなチャレンジであった。

ところで一方、近年では有機栽培の理念に沿ったサステナブルコットンの生産がアメリカ、オーストラリアやアフリカなどで増えている。それらの政府機関や企業の多くが、環境と人体に優しい綿花栽培を研究しており、その成果が現実となっている。それらはオーガニックコットンが訴求している環境面の理念に沿って栽培されている。また、参加者も多く、経費面でも安く仕上がっている。厳しい規制をクリアしなければならないオーガニックコットンに対して、認証やその取得が簡素化されていることなどを含め、基準が若干緩く、多くの農家が取り組みやすい方法で、持続可能性を高める取組みが進んでいる。それぞれの取り組みの進捗状況は次の生産量において理解できる。すなわち、サステナブルコットンの総生産量は七八〇万トン（全綿花生産量の約30％）、そのうちベターコットン・イニシアティブは六二〇万トン（同24％）、コットン・メイド・イン・アフリカ六三万トン（同2・4％）、オーガニックコットン二五万トン（同0・95％）、USコットン・トラスト・プロトコル二二万トン（同0・82％）、フェアートレードコットン一万トン（同0・06％）があげられる。このようにオーガニックコットンはサステナブルコットンにおいて3・2％を占めるに過ぎなくなってきている。一方、基準が若干緩く、認証やその取得の簡素化が進んでいるベターコットン・イニシアティブへの参加者は毎年増えている。

（6）遺伝子組み換え種子（GMO Seeds）

オーガニックコットンでは遺伝子組み換え技術（GMO）を使用しない種子を使うように取り決められている。綿花栽培を含めた農業は、常に雑草や害虫との戦いだった。そして、それらを除去する目的で多くの農薬が開発され、大量に綿花畑に散布された。一九七〇年代より、農薬が生産者の健康や周辺の自然環境に悪影響を与えている事実が問題視され始めた。一方、生産者や消費者による高い生産性と品質の向上の要望に応え、遺伝子組み換え技術の利用により、除草剤耐性や害虫抵抗性のある種子が開発された。この遺伝子組み換え種子の使用は世界中で一気に拡大した。インドではその割合が90％、世界でも85％を超えるまでになった。しかし、遺伝子組み換え技術は自然にないものを作り出すため、生態系への悪影響ならびに、耐性へのさらなる農薬使用の拡大が懸念されるようになった。遺伝子組み換えは人々にはセンセーショナルな事柄であったが、常にメリットとデメリットが共存している。

メリットとしては、以下のとおりである。

①イールド（単位面積当たりの収穫量）が大きく増えた。インドではGMO Cotton（Genetically Modified Cotton）に切り替えて数年で生産量が数倍になった事例が多くみられる。

②病気（害虫）に強くなった。さらに昆虫を寄せ付けない特性や特定の除草剤に綿が枯れないという耐性を持つことができるようになった。

③除草剤や農薬の散布回数を減らすのに役立った。この二〇～三〇年間に農薬の使用量が半減したとの報告がある。綿花栽培で大変苦労する除草作業を最小限にくいとめ、児童や女子の仕事を大幅に軽減できた。彼らは、時間の余裕ができ、学校などへ行くことができるようになった。

一方デメリットとしては、以下のとおりである。

①アレルギーなどの健康被害を及ぼす可能性がある。

②生態系に影響を与え、自然環境を破壊する可能性が懸念される。

③害虫側にも耐性ができ、更なる遺伝子組み換えが必要になる。そのため種子の値段が更に上昇し、高額な種子を買うために農民の借金が増える。

これらに対し、最近の議論では①健康被害は断定できない。また、②生態系に影響を与える可能性はあるが、環境破壊には繋がらない。③むしろ農薬や殺虫剤の使用を減らすことができ、環境破壊を食い止められる。④さらに、GMOと非GMOは共存できないが併存できるとし、どちらか二者択一の選択ではなく、双方が良いバランスを持つことが最良だとの意見が出てきている。オーガニックコットンのルールは、上記のメリットよりもデメリットを危惧してGMOの種子の使用を禁止している。しかし、世界の綿花植え付け状況は、GMO種子が85%超を占めている。その結果、普通の綿（コンベンショナルコットン）の生産量は近年大きく伸びた。その収穫効率（単位面積当たり収穫高）はアメリカを含め世界的に二～三倍増加、そしてインドでは驚異的に三～五倍に増えた。この主な要因は、オーガニックコットンで認められていない化学薬品や遺伝子組み換え種子の使用だとされている。オーガニックコットンの進捗状況が滞っている一つの要因は、遺伝子組み換え種子の使用を頑なに禁止していることが挙げられるかもしれない。

（7）有機栽培の不具合

オーガニックコットンは、殺虫剤や除草剤など農薬を使用せず有機栽培されることとされている。製品販売会社が宣伝でよく使うオーガニックや有機栽培などの言葉を聞くと何となく体に良さそうなイメージがあるが、これらの言葉は主に環境に良いと言う意味である。有機農業は先進国の生産者側から見るとその収穫量が減少し収益が制限される。また、有機肥料の主な原料である堆肥の原料が不足しており、さらに堆肥づくりには多くの労働力を必要とする。くわえて、有機肥料を作るのには、堆肥などで土づくりをするため、化学肥料が使用されていなかったところで行わなければならず、多くの農地が必要となる。また普通の綿花栽培と生産量における窒素酸化物やアンモニアなどの物質の放出量を比較すると、有機栽培は環境に良いとは一概には言えない。このように有機栽培に固執すると、病害虫の被害が多くなり、さらに生産量が減少する可能性もある。害虫被害などの影響の少ない農薬との併用が必要であると考えられる。

（8）オーガニックコットンの認証システム

オーガニックコットンを購入する多くの消費者のうち、実際にそれがオーガニックコットンであるかどうかについて疑問を抱いている人たちもいるかもしれない。こうした購入者の不安を解消するために、また、有機栽培を行っている農家及び繊維製造業者の正当性を担保し、気候変動から環境を守る目的でできたのが認証基準である。その基準に基づき、利害関係のない第三者的な立場で認証審査を実施し、それをクリアした企業の行程に対してのみ認証書を発行している。世界共通のオーガニック繊維基準として、次のGOTS（Global Organic Textile Standard）とOCS（Organic Content Standard）の二つがある。GOTS、OCSともにオーガニック繊維の製造全行程に関して細目を定めた基準で、申請企業が基準を満たしていることが第三者認証機関の実地審査により証明されれば、そのロゴを製品（糸、生地を含む）に表示できる。

一つ目のGOTSは、ドイツ、アメリカ、イギリス、日本の四ヶ国のメンバーによって作られた。それは世界によく知られた機関である。生産から製品になるまでのすべての工程でのトレーサビリティと呼ばれる生産履歴の追跡が保障されている。またGOTSには環境・人権・化学薬品に関する項目があり、すべてに適合することが認証取得をする上で必須となっている。GOTSのラベルは製品の95％以上が認証されたオーガニックを「Organic」、さらに70％以上の認証は「Made with Organic」と表す。

二つ目のOCSはオーガニックコットンを含む製品の製造・管理等に対する認証である。GOTSと同様に有機農業基準を受けている原料を使用し、原料から製品まですべての過程が明確に追跡できることが求められている。「OCS Blended」は5％以上のオーガニック原料を含み、さらに製品に「OCS100」と表示されるのは95％以上のオーガニック原料を含む製品である。

このように第三者確認によるオーガニックコットンの認証システムは、買い手や消費者にとって、信頼や安心が得られるという価値がある。認証は市場にその商品の安心感と認知度を高めるためには効果はある。しかし、それによって買い取られることの保証はないが、農家や製造業者が基準を取得した場合は「プレミアム保証」をしているアパレルやブランドが現れている。また、認証取得を購買基準に定めている企業もあり、「認証を取得していなければオーガニック製品として販売できない」としている小売、アパレルは多く存在する。

（9）インドとオーガニックコットン

インドは二〇一〇年代後半から世界一の綿花生産国となり、特にオーガニックコットンは世界生産量の50％を占めている。また、国家収入の多くが綿産業から成り立っている。インドの綿花栽培は歴史的にも古く、長きにわたって世界有数の生産量を誇り、その綿製品は世界中に輸出されてきた。インドの綿花生産は長年にわたる国家プロジェクトであり、その増産は経済面における国家目標であった。しかし、二〇世紀後半のインドの綿花収穫イールド（単位面積当たりの収穫量）はアフリカ諸国のそれと同様にアメリカの50％を大きく下回っていた。その後、欧米諸国より紹介された農薬や肥料などの化学薬品や遺伝子組み換え種子の採用と使用が大きく貢献し、現在の収穫イールドは当時に比べ、約三倍から五倍に増大した。しかし、遺伝子組み換え種子や農薬を使った、いわゆる「普通の綿花（コンベンショナルコットン）」の増産が進むにつれ、その環境と社会への弊害が顕著になった。これらの問題は、日本の高度経済成長期において、重化学工業化を急ぐあまり、大手企業が日本各地に公害を振りまいた事例（負の遺産）を思い出させる。

インドは大増産という国家目標は達成したが、社会的な環境整備が遅れ、現在も続く環境破壊や児童労働問題などの禍根を残すことになった。この問題が世界に知られることになり、その救済のために、主にヨーロッパ諸国からオーガニックコットン・プロジェクトとしてインドに援助が行われた。インドがオーガニックコットンの世界有数な生産国になった理由の一つがそれらの援助によるものである。

⑽　オーガニックコットンと綿花相場

コンベンショナルやオーガニックコットンを含めた綿花の価格は、年間を通じて激しく変動する。そのため、綿花農家には価格の乱高下による不安定な収入のリスクが常に伴う。綿花相場は歴史的に、年間15～20％の範囲で値動きしている。しかし、相場は綿花の需給状況以外に、政治・天候・経済情勢の変化や投機マネーの流入などにより、しばしばその想定される値幅範囲を大きく超えて乱高下を繰り返す局面がある。この極端な動きは二〇一〇年七月から二〇一一年三月までの九ヶ月間にポンド当たり六〇セント台から二〇〇セント台まで約三倍以上急騰した（一ポンド＝約四五〇グラム）。そして数ヶ月後には一〇〇セント、一年後には六〇セントと二年間で、また元の値段に戻った。この事態は、需給を無視した、過剰な金融マネーの暴走が招いた結果である。そして、急激な価格変動や社会混乱により中小の農家、綿花商社、繊維会社が経営破綻に追い込まれた。その問題の多くは契約された綿花が、価格面や品質面において受け渡しが進まなかったことである。その解決のために係争が続き、今になっても多くは解決されていない。

この点に関して、繊維ニュース（二〇一三年）の取材時の質問「綿花相場は今後どうなるでしょうか?」に対して、島崎隆司は次のように答えている。

「綿花相場のピークは、二〇一一年三月七日の二二七セントですが、世界綿花協会（ICA）では現在でも、当時の契約不履行問題についての裁定が続いています。この問題解決を含め、需給の正常化には二年ほどを要すると思われます」。

⑪ オーガニックコットンの課題

オーガニックコットンは、メディアや小売会社による前のめりな宣伝により、普通の綿花（コンベンショナルコットン）と異なるものと理解されるようになった。それらの主な相違点は、栽培農法と社会環境への配慮である。また、この違いは、数多くのサステナブルコットン・イニシアティブの登場でさらに理解が深まった。約四〇年前のオーガニックコットンの登場は画期的で、世界の人々、そして衣料業界にも大きなインパクトを与えた。オーガニックコットンは、昨今のSDGsと同様に、当時のトレンディワードだった。その出現は人間の生活に身近な環境や人権問題を提起し、人々は以前にも増してそれらの問題に対し注意を払う機会になった。また、それは世界の人権擁護や環境保全運動にも大きく貢献した。しかし、オーガニックコットンの世界生産量は近年は回復傾向にあるものの、二〇〇九年を境に約半分以下に落ち込んだ。この生産量の減少は、同時に消費量の減退を表している。その主な理由として、アメリカなどの先進国では、オーガニックコットンの栽培には通常の綿花栽培に比べ、その作業量が多くかかり、さらにイールド（単位面積当たりの収穫高）の減少や平均的な繊維品質の低下をカバーするためのプレミアムが支払われていないことがあげられる。

一方、世界の有機栽培に対する期待度は益々高くなっており、さらに他のサステナブルコットン・プロジェクトへの農家の参入者は増加している。このような現状においてオーガニックコットンの消費量や参入者の減少状況を原点に返って見直すことが急務となっている。問題や改善点は多くある。まず、コスト高や製品価格高に不満を抱く農家や紡績会社などの消費者とコミュニケーションをはかり、オーガニックコットンをさらに普及させねばならない。たとえば、消費者が日常の中で使用しやすくすることで、需要を高め手に入れやすい価格にすることもその一つである。次に、他のプロジェクトに比べ、前述の遺伝子組み換え種子の使用禁止や認証の簡素化など、条件や内容が厳しいためにコスト高になっている点を見直し、また特に先進国の農家の参入者が少なくなっている点を改善する必要がある。

さらに、小売業者による消費者への売らんがための誇大な宣伝ではなく、オーガニックコットンの本質についてのアピールも必要である。最近、商社や卸売業者によるオーガニックコットンの原産地の差別化により商品に付加価値を持たせようとする動きがある。オーガニックコットンは、希少価値があり、決まった農法で栽培され、生産地が限定されているが、品質など普通のコットンと大きな違いがないはずである。生産量が少ないオーガニックコットンを、原産地等でさらに差別化するには無理があるようだ。それにもまして、オーガニックコットンを他のそれと区別することが当初のオーガニックコットン・イニシアティブの理念と異なっている。オーガニックコットンといえどもファストファッション全盛の中、プレミアムを持つことは大変難しいかもしれない。

結局のところ、業界が一体となって、オーガニックコットンの露出度を高め、消費量を回復また拡大することが急務となっている。オーガニックコットンも綿花というコモディティ（商品）であり、消費を増やすことによって生産増をはかり、コストを下げることも選択肢の一つである。なお、世界でオーガニックとして認証された綿花の一部が、需要と合わず通常の綿花として販売されていたとの報告がある。すなわちオーガニックコットンとして生産された綿花のすべてがオーガニック製品になっていないことが窺える。

最後となるが、アパレル関連のサプライチェーン上方に位置し、大きな影響力を持っている小売業者やアパレルメーカーが価格の決定権を持ち、多くの利益を得られるようになっており、製品化された衣類のわずか一割程度が原料代だと言われている。このように綿花の生産者が一番下位に位置づけされている現状や、オーガニックコットンの生産コスト高を原料高に結び付ける考え方が、販売の停滞につながっているようである。このわずかな原料代の増加を業界一体となって吸収する努力及びそれを実現することこそが、オーガニックコットンの復活につながると確信している。

注

（１）日本の四大公害は①水俣病―熊本県、②新潟水俣病―新潟県、③イタイイタイ病―富山県、および④四日市ぜんそく―三重県である。そして一九七一年に環境庁が設立された。

（2）アジェンダ21とは次の二一世紀に向けた行動計画である。

1．国際経済と環境、貧困の撲滅、などの社会・経済的側面

2．大気汚染をはじめ森林、農業などの開発資源の保護と管理

3．主要グループの役割

4．実施手段

（3）エシカルの背景からみると、企業活動や消費活動の裏に潜む世界的な児童労働問題、低賃金による労働者への搾取、貧困問題、環境破壊が一向に解決されていない中、こうした問題を引き起こさない倫理的な企業・消費活動を行おうとの意識から欧米で意味づけされた。

おわりに

綿花と人間との関わりという課題に向き合って

ムンシ ロジェ ヴァンジラ

人間は毎日様々な出来事を経験し、その中には重要な出来事もある。そこで本書では、著者らは綿花そのものに関する歴史だけでなく、自分たちの現場経験とその『自伝的記憶』(Collins and Gallinat 2010) による「綿花と人間の関係」の一端を紹介した。本書の執筆を経てみると、副題にある「歴史から経験と記録へ」は、ある意味で私たちの小さな旅路だったのかものしれない。

実際、世界の歴史において、特に繊維製品という観点から見ると、綿花と人間の関係は大変重要な役割を果たしてきた。人類が暮らしていくうえで、食糧や衣料ほど大切なものを他に見つけることは難しい。また、多くの人々が自分たちの食べ物や衣服がどのような環境で生産されているかを知りたがっている。特に代表的な繊維である綿花の生産が人間社会や地球環境に与える影響に興味を持っている。だからこそ、著者らは数年にわたって衣料の代表的な原料である綿花に焦点を当て、農村や都市などの地域社会において、また社会文化人類学の視点から、重要な研究テーマとして取り組んできた。

しかしながら、綿花の生産と消費に関連する衣食住のすべての側面を網羅することは、本書の目的ではない。そうではなく、人々の生活における綿花の重要性についての理解を再確認することを試みた。これにより著者らは綿花と人間との関係が多様であることを確認することができた。限られた範囲ではあるが、この研究資料は綿花がさまざまな意味で人間と関係しているということを明確に示すものである。綿花は繊維作物であり、同時に食物でもある。具体的には、綿花は衣服や家庭用品、工業製品などの原料となっている。また、綿花の種は肥料や家畜の飼料として利用できる。ちなみに、日本の布団にも綿花が入っていることは、読者がご存知のとおりである。綿花には汎用性があり、機能性が高く、自然な心地よさがあることもよく知られている。丈夫で吸水性に優れた綿花は、Tシャツ、下着、靴下などの衣類やコーヒーフィルターといった家庭用品に使われている。そのほか、防水シート、テント、シーツ、漁網、また建築材などの工業製品にも使われている。そして、興味深いことに、コットンは、ベルベット、コーデュロイ、シャンブレー、ベロア、ジャージー、フランネルなどの生地に織ったり編んだりすることができる。

さらにコットンは、ウールのような他の天然繊維やポリエステルのような化学繊維との混紡も含め、さまざまな用途に応じた数十種類の生地を作ることができる。コットンリンターとは、綿花をジンニング（綿繰り）した後に綿花の種に残る非常に短い繊維のことである。通常このようなリンターは、包帯、綿棒、紙幣、X線フィルム、プラスチックの増強剤などの生産品に使用されている。あまり知られていないが、キュプラ生地やダイナマイトの原料にもなっている。

綿花の使い道に関して最近の研究報告によると、たとえば一ベール（二二七kg）の綿花から、デニムジーンズ二一五本、ベッドシーツ二五〇枚、シャツ七五〇枚、Tシャツ一二〇〇枚、おむつ三〇〇〇枚、靴下四三〇〇足、綿棒六八万個、ボクサーパンツ二一〇〇枚が生産できることがわかっている。当然ながら、綿花の打ち込み重量によって製品の生産量は変わる。さらに、摘まれた綿の重さの約半分を占める綿実は、牛の餌になったり、粉砕されて油になったりする。一トンの綿実からは、油が約二〇〇kg、綿実粕が約五〇〇kg、籾殻が約三〇〇kg取れる。

綿実油は、コレステロールを含まず、多価不飽和脂肪酸や抗酸化物質（ビタミンE）を多く含むため、健康にも良いと言われている。この綿実油は調理用のほか、石鹸、マーガリン、乳化剤、化粧品、医薬品、ゴム、プラスチックなどの製品に使用されている。また、油を抽出する際の副産物としてコットンシードミールがあり、これは高タンパクで、家畜の飼料として利用されている。さらに、綿実の殻も家畜の貴重な飼料源となっている。このように、生産される綿実は人間や動物が必要とするタンパク質を供給できる。これらの記述に照らし合わせると、読者は人間にとっての綿花の重要性と、綿花がどのように人々の生活と結びついているかを推し量ることができる。そして、本書の核となる主張はそのような認識を人々に与えるはずである。その中で、綿花の生産は人間やその環境に与える良い面と悪い面の影響に関して、さらなる理解へと進めてくれるのではないだろうか。

人類が最初に綿花を生産したのは、個々の人々と地域住民の持続可能性を確保するためであったと認識されている。また、その過程において、コットンは地域、国、および国際的なレベルで、人間と結びついている。本書の前半ではコットンが一九世紀のアメリカの歴史を決定づける最も重要な要素であったことを紹介している。綿花は奴隷制度を長引かせ、奴隷が生産した綿花はアメリカ南北戦争を引き起こし、その戦いはアメリカ合衆国を滅ぼす寸前まで追い込んだ、最も血なまぐさい争いであった。二〇一二年九月二八日にイェール大学で開催された学会で、この歴史的要因がジーン・ダッテルによって、詳しく語られている。ジーン・ダッテル氏は、主に「Cotton and race in the making of America: Global Economic Power, Human Costs and Current Relevance＝アメリカを作った綿花と人種：世界的な経済力、人的コスト、そして現在における関連性」というテーマについて、いくつかの驚くべき発言をしたので、以下で簡単に紹介する。

「一九世紀の繊維産業の膨大な需要を満たすために綿花の生産が爆発的に増加したとき、綿花は最初のグローバルビジネスになったのである。その後、綿花はアメリカの領土拡大と各州の経済統合の大きな原動力となった。また、黒人は内戦（civil war）の前も後も、綿花畑に縛り付けられていた。まさにそれは、黒人の人種的反感が蔓延し、黒人の移動を恐れた北部の白人たちが、黒人を南部に封じ込めた時期だった」（Dattel 2012 著者の訳）。

さらに、ジーン・ダッテルは、一七八七年から一九三〇年代までの綿花の役割についての広範な調査を行った。彼の調査結果を見ると、「キング・コットン」（綿花生産の経済的・政治的重要性）はまさにエンパイアビルダー（帝国的植民地主義・勢力拡大主義）そのものであったことがわかる。[(1)] このことは、今日の変化する世界が直面している諸問題への洞察を与えるものである。

綿花を取り扱う会社は、以前にも増して、綿花の生産活動に大きく関与するようになった。実綿（原綿）や綿繰りなどいろいろな段階の綿花が、さまざまな状況においてエネルギー、資金、プロジェクトなどの分野に影響を与えた。たとえば、綿花は西アフリカのマリ南部の農村における経済発展の主要な原動力であり、農民、農村コミュニティ、民間業者、綿花取扱い会社、政府に利益をもたらした。綿花活動に参加するのは農家だけではなく、パートナー企業にも多くの情報を得る点においてもメリットがあった。まず、実綿の供給の安定性が高まることだった。それは収穫量や生産性が向上するだけでなく、農家がパートナー企業に対する信頼関係を高めることができた。さらに、パートナー企業は農家が必要とするものを把握することができた。いずれも長期的なメリットがあり、綿花生産活動の実行を持続可能なものにするために同様に寄与した。

しかし、より現実的な問題として、人間による綿花の生産は、最終的にはその利便性の重要性に基づいていることが本研究から明らかになっている。このような目に見える形は、消費者が人間と綿花の関係を認識したことからも明白である。あまり語られていないが、綿花生産と食料安全保障の関係は確かに存在している。著者らが現場で感じているのは、綿花栽培における優れた農法（信頼性のある作物、土壌、水の管理など）は、生産者や農地の回復に大きく貢献しているということである。また、それは現代の食糧安全保障の課題にも直結している。農家と企業が協力し、綿花生産の持続可能性を高めることで、回復力（レジリエンス resilience）は綿花生産だけではなく、現在と将来の食糧安全保障の向上にも貢献することができる。

本書では、あえて、西アフリカの国々を事例として取り上げ、これらの地域におけるフランス外交の側面を浮き彫りにした。なぜなら、フランスは、植民地時代から今日に至るまで、アフリカ諸国の綿花栽培を、積極的に奨励し支援を続けてきたからである。そしてそれによって、現在では、その西アフリカ諸国の綿花輸出は、数量的、品質的に世界において大きな地位を占めるまでに成長したからである。しかし、同じことは他のアフリカ諸国でも同様に確認できる。ここで付け加えておきたいのは、アフリカや南アジアの綿花生産において、綿花と食糧安全保障の関連性がみられることである。それらの将来に関する課題は各国にも直接影響を与えている。

その現実について、最近の研究により詳細に報告されているものを紹介する。たとえば、これらの地域では、食料の需要に加えて、綿花を含む繊維の需要が高まっていることがわかる。多くの人々が、以前よりも、綿製の衣服を買うようになった。たとえば、西アフリカのマリだけでも生産量は増加となり、約四〇〇万人の農民が綿花栽培に従事し生計をたてている。また、それは同国の総輸出収入の50～75%を占めている（Settle & Soumare et al 2014）。さらに化学繊維の増加にもかかわらず、綿花は依然として繊維産業の主要な原料である。また、それは使用される繊維全体の約32%を占めていることからも重要であることが理解できる。本書の第六章六節で述べたように、現在世界中で約三三〇〇万ヘクタール分もの土地で綿花が栽培されており、世界の耕地の2・5%を占めている。食糧需要の増加による土地の争奪戦の中で、綿花の栽培面積を拡大することは、決して容易ではない（図21参照）。

綿花は地域社会にとっての持続可能性というメリットがあるが、その一方で著者らは、本書で綿花生産

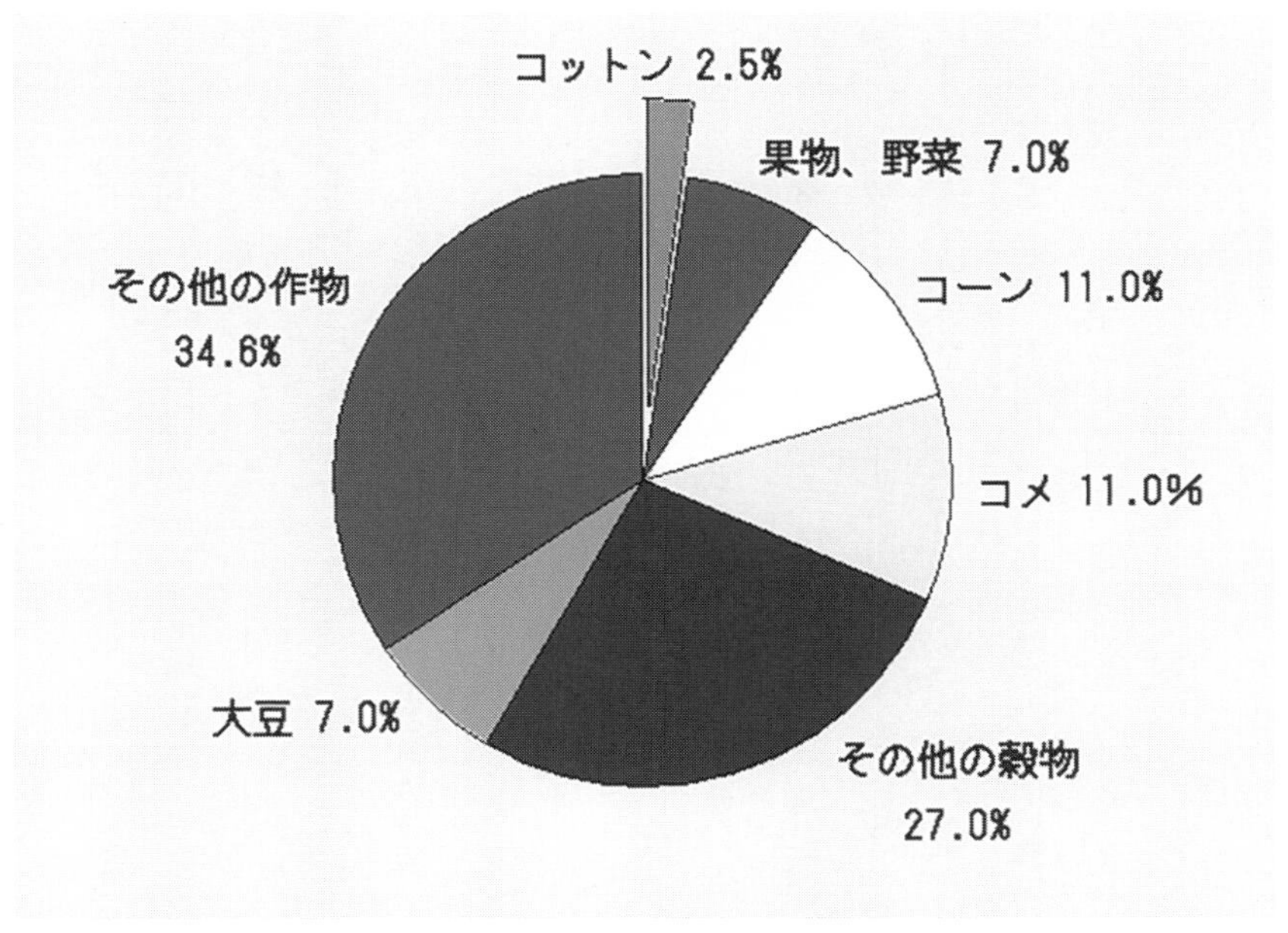

図 21　世界の土地使用率（各農産物）
出典：国連食糧農業機関、2005 年

の負の側面を指摘してきた。ここでは、世界中のオーガニックコットンコミュニティが、共同で立ち上げたウェブプラットフォーム（二〇二〇年一二月）から、得られた知見をもとに、いくつかの重要なことを挙げておく。このウェブプラットフォームは、オーガニックコットンやフェアトレードコットンに関する知識を交換し、関連情報を提供する場として興味深い。コットン生産による環境への影響は塩害、砂漠化、環境汚染、また、もちろん人間の健康など、重要な問題としてますます注目されている。以下でいくつかの側面について説明しておこう。

まず、一般的に綿花は集約的に栽培されるため、灌漑に大量の水を必要とする。そのため、特に乾燥した地域では土壌の塩性化が進み、土壌の肥沃度が低下してしまう。この現象は、西アフリカの国々などで古くから観察されている。次に、中央アジアでは、河川をすべて巨大な灌漑用水路に転用したことで、世界最大級の内陸水であるアラル湖が干上がってきた。また、中央・南アジアの灌漑用水の60％は、インフラの脆弱性により綿花畑に届く前に失われていると推定されている（PAN UK 2006)。

綿花の生産は、気候変動にも影響を与えている。たとえば、綿花を含めた農業全体が使用する肥料は有限なエネルギー源（世界の年間エネルギー消費量の1・5％）を大量に使って生産され、多くの二酸化炭素を放出している。さらに、硝酸塩を農地に過剰に投入すると、硝酸塩は亜酸化窒素に変化する。この亜酸化窒素は、地球温暖化の観点から言えば、CO2の三〇〇倍の破壊力を持つ温室効果ガスである。土壌の劣化は、その炭素吸収能力を著しく低下させ、それによって温室効果が生じる。

綿花生産のもう一つの負の側面として、社会的なリスクを考えなければならない。様々な国で、特にウズベキスタンでの経験から、従来の綿花生産には、開発途上国の小規模農家にとって、一連の社会的・経済的リスクがあることがわかっている。アジア南部の小規模農家の多くは、適切な設備や農薬の扱い方に関する知識がないために、病気になったり、命を落としたりしている。医療費が必要になることや仕事ができないことは、被害を受けた家族にとって深刻な経済的負担である。また、化学肥料や農薬を多用した単一栽培は、土壌の劣化を招き、栄養分や水分を保持する力が低下する。その結果、農家は収穫量の減少に直面し、農薬の投入量を増やさなければならない。さらに、一部の害虫の抵抗性や二次的な害虫の発生も多くの問題となっている。西アフリカ、特にマリでは、綿花農家を対象としたフィールドスクールを設立し、農家のリスクを軽減するために、多くの努力が払われている。しかし、この問題を解決するためには、まだまだ努力が必要である。

また、アフリカの例もある。二〇一〇年に八億五六〇〇万人だったサハラ以南アフリカの人口は、二〇五〇年には二〇億人を超えると予測されている。ところが、現在、約二億一八〇〇万人、およそ四人に一人が栄養不足に陥っている。しかし、アフリカ諸国の政府が農業に費やす予算は5%から10%に過ぎず、緑の革命期にアジア諸国の政府が、農業分野に費やした平均20%をはるかに下回っている。アフリカ諸国の政府は、持続可能な開発と食料栄養安全保障に関する主要な目標を達成するために、予算の10%を農業に充てることを公約している。しかし、これを達成しているのはごくわずかな国だけである。その結果、多くの地域住民は貧しく、綿花の問題を解決するための経済的余裕はない。

最近、マリを含む西アフリカの作物について研究が行われている。それによると、小規模農家による特定の危険な農薬の使用には、人間の健康や環境に対するリスクが内在していることが示されている（Settle & Soumaré et al 2014）。このリスクは食糧安全保障、人間の健康、生活全般への課題となっている。さらに、マリ共和国やその他の地域の貧しい小規模農家は、増加する生産投入コストを支払うために、銀行や綿花購入業者から借り入れをしなければならない。しかし、収穫量や市場価格が低い場合があり、綿花の収穫による農家の収入は投入コストを下回ることも多い。したがって、ますます多くの農家が借金に追われることになっている。綿花は換金しやすい作物であるため、綿花農家は不安定な世界市場に大きく依存している。綿花だけを栽培していると、特に気候条件が不安定な地域では不作の年には十分な収入が得られないため、家族の食料の入手すら困難になることもある。人と綿花に関する限り、この分野ではまだ多くの研究が必要である。たとえば、「綿花生産と他の作物との組み合わせ」、という課題も指摘することができる。

さて、綿花のバリューチェーンは、世界中で、三億五〇〇〇万人の雇用につながっていることを忘れてはいけない。その中には、一〇〇ヵ国以上の農家が含まれており、その多くは、自分たちが生産している作物を主な収入源とする小規模農家である。ところで、興味深いことに、綿花産業は食料と栄養の安全保障にもつながっている。これを受けて、多くの人々が、綿花生産をトウモロコシ、豆類、ゴマ、ヒマワリ、ソルガム、米、小麦、サトウキビなどの食用作物の生産と組み合わせることで、農家の生産性を向上させている。また、それは農薬やその他の化学肥料の使用を削減することにもなる。しかし、綿花を他の食用作物と組み合わせる、あるいは、綿花を輪作するというアプローチはまだいくつかの可能性とチャレンジを提起している。

植物性の合成肉やクローン肉の時代に、人間が食べることのできる種子を持つ綿花が開発されたことは、何の不思議もないことだろう。もちろん、牛はすでに綿花の種を食べている。綿実油は、遺伝子組み換えであろうとなかろうと、人々に食されている。また、種から油を搾った後に残るオイルケーキは、タンパク質が豊富で、牛の飼料として利用されている。したがって、綿花の種が人間の食べ物になるというのは、あながち間違っていない。

次の論理的な段階は、綿花を遺伝子組み換えして繊維量を増やし、その強度を高め、綿花の木そのものを木材に使うことだ。そうすれば、人類の基本的な三つのニーズである衣食住のすべてが綿花から得られるようになりうる。資源の効率的な利用は、気候変動対策にもつながる（The Economic Times 2018)。

さらに、経験的な立場から本書全体の課題が見られる様相を用いて考察すると、次のような手がかりを見出すことができる。

「まず、綿花は最も一般的なテキスタイルのひとつとして、長い間認識されてきており、私たちの衣服、布地、トイレタリー製品など、あらゆるところに使用されている。また、綿花はどこにでもあり、天然の繊維であると一般に考えられている。それゆえ、私たちの多くは当然、また単純に、綿花そのものがサステナブルであると思い込んでいる。しかし、そうではない可能性がある。たしかに、ポリエステルやナイロン、レーヨンなどと比較すると、綿花は人間にとってよりエコな選択肢であるように思える。それは、綿花が天然素材であること、また何より、化学的な処理を必ずしも多く必要としないことが理由の一つである。しかし、それでも本当にサステナブルなのか、という疑問は残っている」（Pizza 2022)。

特に興味深いのは、綿花そのものがいかに環境に優しいか、また他方で、「綿花」がいかに自然・物理的環境や人間の生活にダメージを与えているかを、綿花栽培から製品の生産に至るまでのいくつかの段階で調査を行い、判断することである。ここで、綿花を実用的に活用するために、私たちの物理的環境と生活に関して次のような重要な点が挙げられる。

「まずは、綿花自体は天然繊維である。しかし、環境に優しいとは言いがたい。というのは、通常の綿花の生産には、かなりの有害化学物質と大量の水を必要とし、遺伝子組み換え作物（GMO）が使用されていることが注目されている。具体的には、約90％の綿花が化学肥料と遺伝子組み換え種子を使用している。なお、遺伝子組み換え作物（GMO）の使用については、引き続き議論の対象になっている。世界的に見ると、綿花は農薬の約10％、殺虫剤の約25％を使用している。また、世界自然保護基金（WWF）[2]によると、化学肥料や農薬の使用は、一般的に環境に悪影響を及ぼすとされている。それらは、土壌劣化の原因となり、生物多様性を減少させるなどの公害や水質汚染につながる可能性があるからである。

次に、綿花栽培は膨大な「ウォーターフットプリント」[3]に当てはめると、綿花栽培は膨大な水を消費している。通常、インドのような温暖な地域で栽培されるため、栽培には大量の水が必要である。インドでは、一kgの綿花を生産するのに約二万リットルの水が必要とされている。最後に、捨てられる綿花製品について注意すべきである。綿花は一般的に生物分解性があるが、綿製品が埋立地に捨てられていいわけではない。綿製品の衣類や衛生用品などが埋められると、嫌気性生物分解が起こり、有毒な温室効果ガスであるメタンが発生する。これらの要素を組み合わせることで、綿花の生産から劣化までが環境に悪影響を及ぼし、地球温暖化の一因となることがさらに理解できる。天然繊維であるにもかかわらず、持続可能ではない綿花があることは確かである。しかし、綿花を使用した製品を購入する際には、ラベルをよく読み、オーガニックコットンを選ぶなどして、環境への影響を少なくすることが重要である」（Pizza 2022）。

このように、人間が十分な注意を払わないと、綿花はその生産から廃棄に至るまで環境に悪影響を及ぼし、地球温暖化につながるということは、生態学の分野や本書の記述からも自明である。しかしながら、二〇二一年のCOP26の参加者が、気候変動や地球温暖化について議論する際に、「綿花の問題」にほとんど言及しなかったのは残念なことである。結局のところ、確かな事柄として、綿花はどうしても私たちの生活に深く関わっているのである。綿花は、私たちの生活の中でリアルに織り込まれている。WWFの二〇〇七年度調査によると、世界では毎年一億一五〇〇万俵（二六〇〇万トン）の綿花が生産され、衣類や日用品、その他の商業製品の45〜50%に使用されていることがわかった。綿花は天然繊維の85%を占め、ウール、リネン、ヘンプがそれに続く。その他の繊維製品のほとんどは化学繊維で作られており、その中でもポリエステルは最も一般的なものである。レーヨンやビスコースは、石油の代わりに木材を原料としているが、その分、エネルギーと化学物質を大量に消費している。その自然な起源と長い栽培の歴史にもかかわらず、綿花栽培の持続可能性を向上させるための行動が必要である。WWFが過去数十年にわたり、環境と社会の主要な問題に取り組み、綿花をよりクリーンで環境に優しいものにしようと努力してきたことは、心強い限りである。

本書ではいくつかの包括的なテーマが取り上げられている。しかし、本書を執筆する中で、著者らは綿花の生産と消費にさらに厳しい注意を払う必要があることをより強く感じた。全体として、社会的にも、環境的にも、持続可能であることが検証された最終製品を確保することは大切である。そのためには、他より包括的な社会的基準設定機関との連携した取り組みの必要性について検討する余地があると考えている。その一方で、著者らの経験や研究から、綿花と人とのつながりが不可逆的であることは以前から明らかであった。現状、多くの綿花生産地のコミュニティや国が直面している持続可能性や環境・生態系の問題が見られる。この本を読んだ後、読者は、私たち二人の分析に対して、賛否両論の多様な考えや意見を交わすものと推測できる。このような議論があってこそ、多くの複雑な問題を解決することができると、著者らは考えている。

注

（1）キング・コットンとエンパイアービルダーとは、「南北戦争の数年前にアメリカ南部の経済を指すために造られたフレーズだった。南部経済は特に綿花に依存していた。そして、綿花はアメリカとヨーロッパの両方で非常に需要があったので、それは特別な状況を作り出した。綿花を育てることで大きな利益を上げることができる」（Dattel 2009）

（2）ＷＷＦ（World Wide Fund）世界自然保護基金は、一〇〇ヶ国以上で活動している環境保全団体である。一九六一年にスイスで設立され、人と自然が調和して生きられる未来をめざしてサステナブルな社会の実現を推し進めている。

（3）「ウォーターフットプリント」とは、モノやサービスを消費する過程で使用された水の総量を図る概念である。それは、環境負荷を削減するため、原材料の栽培・生産から製造、加工、輸送、消費、廃棄、リサイクルといった商品のライフサイクルを包括的に捉え、定量的な評価ができるよう開発されている。

解説

南山大学名誉教授　坂井　信三

繊維は人類が衣服を着るようになって以来、生活に必要不可欠のものになりました。木綿が人類史に登場するのは、羊毛や麻と比較すれば比較的新しい時代のことです。しかし木綿は、織り方や染め方の工夫によって、非常に幅広い需要に応えることのできる素材です。そのため近代以降、木綿は世界全体にわたってもっとも重要な繊維となりました。

しかし同時に綿製品は、きわめて労働集約性の高い商品でもあります。つまり生産と加工に大きな人手と手間が必要とされるのです。そのために、多様かつ大きな市場の要求に応えて、生産の側には大きな圧力がかかってきます。さらに自然の植物である綿花は、生産地が栽培に適した熱帯性の気候帯に限定されるので、それを世界全体に行き渡らせるための供給体勢を作り上げることも必要になります。そのためそこに、土地と人と技術と市場に渡る諸条件を整え、一つに結びつける現実のパワー、すなわち政治権力と資本力が動員されることになります。こうして木綿は、地球の諸地域を結ぶ一つの巨大な生産―供給―消費のシステム、つまり米国の社会学者・歴史学者ウォラーステイン（Immanuel Wallerstein, 1930～）が「世界システム論」と呼んだようなグローバルな仕組みが誕生してくる原動力のひとつになったのです。

木綿の生産・消費をめぐる多岐にわたる条件は、砂糖の場合とよく似ています。みなさんの中には、高校までの世界史で砂糖をめぐる奴隷貿易と奴隷制度の歴史を学んだ方たちもいるでしょう。実際砂糖とともに木綿は、一七世紀以降大西洋奴隷貿易を拡大させ、一九世紀には植民地支配と産業革命を牽引し、そして二一世紀の現在も、貧しい原料生産地に対する裕福な消費地の経済支配は巧妙な形で続いているのです。

私はこれまで本書でも取り上げられている西アフリカのマリで、歴史人類学の調査研究に携わってきました。マリでは、綿花の生産は植民地時代以前から現地社会の重要な産業となっていました。そのため私にとって、生産現場をよく知っている本書の島崎さんの記述は綿花生産の現実を知るためにとても有益でした。例えば棘のある綿花を指で摘む作業はとてもつらく、それが、綿花栽培が奴隷の労働に押しつけられた理由の一つであることなど、まったく知らないことでした。また現代の状況については、独立後六〇年以上を経た今日もなお、マリの綿花生産が旧植民地宗主国であるフランスによる新植民地主義の支配下に置かれていることを知って、大変勉強になりました。

このように島崎さんとムンシさんの著された本書『綿花と人間との関わり――歴史から経験と記録へ』は、綿花生産の実例をとおして、現代世界を成り立たせている政治、経済、技術などの諸要因の絡まり合いを、豊富な現場経験と各種の統計的な資料を駆使することによって丁寧に解説してくれています。私たちの着ているTシャツやジーンズは、このような条件の中で生産され、逆に私たちの消費行動が、この巨大な生産と消費のシステムを再生産し続けているのです。

したがって私たちは、このシステムから大きな恩恵を受けていると同時に、その運用をめぐる大きな責任も負っているわけです。このシステムを根底で担っているのは、現実の人間です。私たちが人間であるのと同様に、綿花を栽培し、収穫し、運搬し、加工し、製品にし、流通させているのも、みな普通の人間たちなのです。

島崎さんとムンシさんによる本書の大きな特徴は、このシステムをただシステムとして論じるのでなく、それを支えている人間の姿が見えてくるように書かれている点にあると思います。その意味で、本書は南山大学の建学の理念である「人間の尊厳」を、具体的な形で学び、考えるために、大変有益な副読本になると思います。

あとがき

本書を執筆する企画は二〇一九年春、南山大学において著者二人の偶然な出会いから始まった。その際、二人はそれぞれの現場経験や専門分野について語り合った。その中で島崎隆司の長年にわたる綿花活動が話題にのぼった。また同時に、文化人類学者であるムンシ ロジェ バンジラがその「綿花と人間との関わり」に深く興味を持ち、それについて一緒に研究をしようとの思いがけない提案をした。その後、世界における綿花活動を研究していく過程で、世界の歴史的背景から見た、あまりに知られていない、「綿花と人間との関わり」を理解しようとして、この共同研究が始まった。こうして出来上がった研究の成果を公表しようとの熱い思いが募り、この本の執筆へとつながった。

二人が懸念したことは、「綿花」そのものは、一般的には衣類以外にあまり知られていない農作物及び植物繊維であり、いま記録に残しておかないと、とくに若者の多くが、その事実を忘れ去るのではないかということだった。実際、彼らは綿花の木を見たことも、また綿花に触れたこともない。さらに、私たちの周りには、綿花についての専門書は多いが、日本語文献の形では、植物である「綿花と人間との関わり」を記したものがほとんど紹介されていない。

この本の執筆において、さまざまな研究プロセスにおけるハードルを乗り越えながら三年余りの歳月が過ぎ、この度ようやく出版にいたることになった。本書は、著者らの現場経験と社会文化人類学の視点から見た「綿花と人間との関わり」について書かれている。主に現地調査や文献調査、および統計資料を基にしている。統計数字や資料の大部分はアメリカ農務省やそのウエブ資料からのものである。こうした側面で、著者らは地域社会にとっての綿花の持続可能性を説くだけではなく、アメリカなどの先進国における綿花生産やその過程を調査した。また同様に、アフリカ、南アジア、中南米など多くの開発途上国について調べるに従い、その歴史と現状を正しく伝える必要性を感じるようになり「綿花栽培は大きなチャレンジであり、それらの国々の社会、環境、および経済的発展に大いに結びついている」と、本書で訴えている。

著者らは、この機会に綿花に関するいろいろな書物を調べていくに従い、綿花は天然繊維の一種であることに加え、世界において過去数世紀の間、人間社会で重要な位置と役割を占めていたことを確認できた。また、それが大きな社会的影響を与えていたことなども再発見できた。さらに、今回の共同研究で、こうした現場経験に照らして、新たに綿花を歴史、宗教、社会、文化、経済、および環境と結び付けることができたことを本書で報告した。

ここで、本書作成にご協力をいただいた方々を簡略に紹介し、感謝を申し上げたい。まずは、本書の出版に関して、神言修道会日本管区から資金をいただいた。同会に感謝するとともに、本書の最終原稿の校正に携わり、適切な助言と激励をいただいた坂井信三氏（南山大学名誉教授）、中村督氏（北海道大学大学院法学研究科教授）、近藤かをり氏（南山大学外国人留学生別科専任講師）、陸心芬氏（南山大学外国語教育センター専任講師）、および長野宏樹氏に衷心よりお礼申し上げる。そして、綿花の統計資料や地図などを提供して頂いた一般社団法人日本綿花協会の代表理事大下信雄氏に感謝申し上げる。また、本書の第四章で児童労働の実態を示すために、ＮＰＯ法人ＡＣＥ様より画像データ使用の許可をいただいたことにお礼申し上げる。本書の発刊にあたり、大変お世話になった名著出版の皆様にも心から感謝の意を表する。特に田麦睦宏様より、度重なる校正のサポートを受け、心からお礼を申し上げる。さらに本書の完成のため研究関係者の皆様より、多大なるご尽力とご協力を賜り、ここに厚くお礼申し上げる。

また、以前より知遇のあった葛西龍也氏（一般財団法人 ＰＢＰ ＣＯＴＴＯＮ代表理事／株式会社ｃｄ．代表取締役）にオーガニックコットンの社会貢献について尋ねたところ、ＳＤＧｓとの関連も加えた説明が大切であるとのご指摘があり、講座や本書にそのスペースをとることにした。ならびに、ＰＢＰプロジェクトの大切な資料なども使わせていただいた。その御厚意に深く感謝する。さらに、オーガニックコットンについて適切な説明を頂いたTextile Exchangeアンバサダー／一般社団法人Ｍ．Ｓ．Ｉ．の稲垣貢哉氏、並びにGOTS, Textile Exchangeの皆様にもお礼を申し上げる。さらに、我々の話を我慢強く聴講してくれた南山大学生の皆さんに、この場を借りて改めて深く感謝の意を表する。この研究プロジェクト会議に参加し、サポートしてくれた良き相談相手であり、理解者である島崎の妻、島崎俊江氏とパウルスハイムの皆様に敬意と謝意を表する。

本書が、少しでも読者の皆様のお役に立ち、さらに「綿花と人間との関わり」への関心やその思いに触れる機会となれば幸いである。

令和五年早春

ムンシロジェヴァンジラ
島崎　隆司

1. COTTON PRICES IN CENTS PER POUND, WEIGHTED AVERAGE, 1800—1860
アメリカ綿の綿花値段の推移（US cents/pound）—1800 年～1860 年—

1800	44	1839	7.9
1802	14.7	1842	5.7
1805	23	1844	5.5
1811	8.9	1847	7
1815	27.3	1850	11.7
1817	29.8	1851	7.4
1822	11.5	1856	12.4
1830	8.4	1859	10.8
1835	15.2	1860	11

Source: Stuart Bruchey, Cotton and the Growth of the American Economy. 1790—1860: Sources and Readings (New York: Harcourt, Brace & World, 1967).

09_049 zl Appen6x.indd 367 4/30/09 2:31:01 P

2. COTTON PRICES PER POUND IN NEW YORK AND LIVERPOOL, 1860—1865
ニューヨークとリヴァプール市場の綿花値段の推移—1860 年～1865 年—

	US cents/pound			UK pence/pound		
	NEW YORK (CENTS)			LIVERPOOL (PENCE)		
Season	Low	High	Average	Low	High	Average
1860-1861	10	22	13.01	6.5	11.625	8.5
1861-1862	20	51.5	31.29	12.25	29	18.37
1863-1864	51	92	67.21	20	29.25	22.46
1864-1865	68	189	101.5	21.5	31.25	27.17
1865-	35	182	83.38	13	26	19.11

Sources: James L. Watkins, King Cotton (New York: Negro Universities Press, 1969); Harold D. Woodman, King Cotton and His Retainers: Financing and Marketing the Cotton Crop of the South, 1800—1925 (Columbia: University of South Carolina Press, 1990).

3. AMERICAN COTTON EXPANSION アメリカ綿花の増産

YEAR	COTTON (bales) 生産量	ACREAGE COOTON PRODUCTION 生産面積	AVERAGE PRICE 年平均値段 (cents per pound)
1880	15,921,000	6,606,000	9.83
1890	20,937,000	8,653,000	8.59
1900	24,886,000	10,124,000	9.15
1910	31,508,000	11,609,000	13.96
1920	34,408,000	13,429,000	15.89
1930	42,444,000	13,932,000	9.46
1931	39,110,000	17,097,000	6.00

Sources: U.S. Bureau of the Census, Historical Statistics of the United States, Colonial Times to 1957 (Washington, D.C., 1960); Woodman, King Cotton and His Retainers; C. Wayne Smith and J. Tom Cothren, eds., Cotton: Origin, Hist00', Techn0100' and Production (New York: Wiley, 1999); Timothy Curtis Jacobson and George David Smith, Cotton's Renaissance: A Study in Market Innovation (Cambridge, England: Cambridge University Press, 2001).

綿花と人間との関わり──主要参考文献

本書中では、出典・参考文献などは、煩雑になることを恐れてごく一部を記すにとどめた。しかし、本文に述べた重要な点をいくらか埋めるために、本書の執筆にあたって参照にし、とくに有益だったと思う文献を記載することにした。読者は、本書の内容とその情報源を参考にし、綿花が社会・政治・経済の領域で人間に関係・関連する限り、出来事がどのように、またなぜ起こり、人々が特定の方法で行動するのかを理解することができるだろう。

〔邦文〕

朝日新聞「児童労働」二〇二一年六月一二日、五～一三頁。

Al-Arshani, Sarah「中国、新疆ウィグル自治区で強制労働、収容施設の少数民族57万人以上に綿花を収穫させたか」『Business Insider』、二〇二二年一二月一八日。

吾郷　健二「一次産品問題としての綿花問題再登場の意味」『西南学院大学経済学論集』、西南学院大学学術研究所、二〇〇八年一二月。

飯泉　仁之直「エルニーニョ現象およびラニーニャ現象と世界の作物収量変動」『植物防疫』第七〇巻第四号、二六四～二六七頁、農研機構農業環境変動研究センター、二〇一六年、https://researchmap.jp/read0139820（二〇二一年一月二〇日アクセス）。

一宮地場産業ＦＤＣ「尾州織物産地を中心とした繊維関連年表」、二〇二二年、https://www.fdc.138.com（二〇二二年六月二五日アクセス）。

一般財団法人日本児童養護施設財団 Japan Children's Home Foundation「企業の社会的責任ＣＳＲを意識する時代へ」『経済産業省』、二〇二二年、https://www.meti.go.jp/policy/economy/keiei_innovation/kigyoukaikei/index.html（二〇二二年八月二五日アクセス）。

エリック・オルセナ『コットンをめぐる世界の旅』（吉田　恒雄　訳書）作品社、二〇一二年。

葛西　龍也『セルフ・デベロップメント・ゴールズ』双葉社、二〇二一年。

CottonUP　Guide to Sourcing Sustainable Cotton「このガイドについて」CottonUP　cottonupguide.org/about-cotton-up/about-this-guide（二〇二一年六月二五日アクセス）。

国際連合広報センター United Nations Information Center, 一九八七年 https://www.sbbit.jp/article/cont1/34879（二〇二二年六月二〇日アクセス）。

国際協力機構（ＪＩＣＡ）『カンボジア国地雷除去地域での綿花栽培　事業報告書要約版』一般財団法人カンボジアコットンクラブ、二〇一四年。

国連（United Nations International Center）「環境と開発に関する世界委員会　公表報告書―一九八七年―」『Our Common Future』（邦題：地球の未来を守るために）」国連、一九八七年、https://kotobank.jp（二〇二一年六月二五日アクセス）。

坂本　信博「地図アプリに載らない〝強制収容所〟を訪ねてみた」『西日本新聞』、二〇二一年五月一六日号。

作品紹介―劇団芸術座、「人間が人間を差別する愚かしさ、悲しさ、恐ろしさ……ストウ夫人の半生と共に描きます」、二〇二二年、https://www.geiyuza.com/performance_09.html（二〇二二年九月九日アクセス）。

繊維ニュース「綿のシェアーを取り返せ、どうなる?綿花市況」『特集　コットン・ルネッサンス』、二〇一三年一二月一一日、P・4。
相馬　勝「中国、報じられない「ウィグル族」強制収容所・強制労働の闇…100万人に洗脳教育か」『Business Journal』、二〇二二年七月一一日号。
Takatsuki Yuna「インド　綿花生産者が直面する貧困の背景には?」『Global News View (GNV)』、二〇二〇年九月一〇日、https://www.fairtrade-jp.org (二〇二二年九月九日アクセス)。
トゥール・ムハメット「緊急寄稿【2】いま、ウイグルの声に耳を思想改造の拠点、強制収容所」『Hoppo Journal』、二〇二一年九月号。
Made in Earth「カンボジアの現地視察報告「WITH PEACE」希望のクロマーが届きました!」、二〇一三年二月一日、http://www/made-in-earth.co.jp/special/column/event (二〇二一年一月二〇日アクセス)。
一般財団法人日本児童養護施設財団 Japan Children's Home Foundation、二〇二二年、https://japan-child-foundation.org/csr/ 参照二〇二二年八月一六日。
ICAC「世界の綿花市場―長期的な展望」二〇二〇年。
金融経済用語集　iFinance「債務の罠」、二〇二二年、www.ifinance.ne.jp > glossary > global > glo292 (二〇二二年八月一六日アクセス)。
IFOAM「IFOAM―国際有機農業運動連盟とは?」、二〇〇八年、https://www.isis-gaia.net/hpgen/HPB/entries/555.html (二〇二二年八月一六日アクセス)。
JBIC Instiute「フランス援助機関動向調査」第二二号、二〇〇六年、https://www.jica.go.jp/jica-ri/IFIC_and_JBICI-Studies/jica-ri/publication/archives/jbic/report/working/pdf/wp22_1.pdf (二〇二二年八月一六日アクセス)。
JCFA　日本化学繊維協会「綿花産業への政府補助、二〇一七/一八年に33%増で59億ドルへ」、二〇一八年一一月二〇日ニュース。

JETRO「西アフリカ諸国、単一通貨〝ECO〟導入を二〇二七年に延期（コートジボワール、西アフリカ）」、二〇二一年七月一四日、https://www.jetro.go.jp/biznews/2021/07/3b477df98af6d33e.html（二〇二二年五月二五日アクセス）。

JICA「日伯セラード農業開発協力事業」、二〇〇二年一月総合報告書。https://openjicareport.jica.go.jp/pdf/11685948.pdf（二〇二一年六月二五日アクセス）。

JOCA連載コラムVol.12「国際綿花諮問委員会の論説〝綿花生産のいろいろな取り組み〟を解説」『NPO法人日本オーガニックコットン協会』、二〇二一年、https://organic-press.com/biz/joca/（二〇二一年六月二五日アクセス）。

田畑　健『ワタが世界を変える』地湧社、二〇一五年。

田端　博邦「グローバリゼーションと雇用労働の変化」『明治大学労働講座』、二〇一〇年、一〜四頁。

中村　宏毅「フランスのアフリカ政策に関する考察」『武蔵野大学政治経済研究所年報』、二〇一二年、二九三〜三三三頁、https://www.musashino-ac.jp/albums/abm.php?f.（二〇二二年七月一八日アクセス）。

日本経済新聞「「債務のワナ」とは援助が制作や外交縛る圧力に」、二〇二一年六月一〇日。

日本綿花協会『綿花百年　上、下巻』日本綿花協会、一九六九年。

NPO法人ACE「農薬まみれのコットン畑で働くシャンティさん（インド）」https://acejapan.org/info/2010/08/2468（二〇二二年六月一一日アクセス）。

丸川　智雄「新疆の綿花畑では本当に【強制労働】が行われているのか?」『Newsweek』、二〇二一年四月一一日。

半谷　二三男「ダラス商社綿業の軌跡」、二〇〇二年二月編集。

ベッカート・スヴィン『綿の帝国　グロバール資本主義はいかに生まれたか』鬼澤　忍・佐藤絵里＝訳、紀伊国屋書店、二〇二二年。

本郷　豊・細野　昭雄『ブラジルの不毛の大地セラード開発の奇跡』ダイヤモンド・ビッグ社、二〇一二年。

ブリタニカ国際百科事典第一五版の日本語版　二〇〇二年。

正木　響「綿花イニシアティブと西・中部アフリカ4カ国の綿花生産」『平成一八年度　南米・アフリカ地域食料農業情報調査分析検討、事業実施報告書』（社）国際農林業協力・交流協会、二〇〇七年三月、九五〜一一三頁。

宮川　真紀『東北コットンプロジェクト』タバブックス、二〇一四年。

宮崎　正勝『世界の教養！世界全史』双葉社、二〇二一年。

宮崎　正弘「アパレル企業の持続可能なビジネスモデル」『跡見学園女子大学マネージメント学部紀要』第二三号、二〇一七年一月二五日。

矢ケ埼　典隆「南北アメリカにおける先住民の農業様式と地域生体」『横浜国立大学人文紀要　第一類　哲学・社会科学』第四一号、一九九五年一〇月、四〜六五頁。

楊　海英「出現した中国の〝新植民地主義〟」『産経新聞』、二〇一八年八月七日号。

綿引　弘『世界の歴史がわかる本』三笠書房、二〇一一年。

欧文

Agbohou, N.

1999. *Le Franc CFA et l'Euro contre l'Afrique.* Paris: Editions Solidarité Mondiale.

Australian Cotton

2022. "The Australian Cotton Industry at a Glance". https://austraian cotton.com.au/why-aussie.cotton/industry-snapshot [Last accessed: 30/06/2022].

BBC

2019.

Beckert, S.

2015 (2014). *Empire of Cotton: A New History of Global Capitalism.* London: Penguin Books

Blécourt, M.D, Lahr, J., and Brink , P.J.

2010. *Pesticide use in cotton in Australia, Brazil, India, Turkey and the USA.* (SEEP Documents/*Semantic Scholar*). Wageningen: Alterra.

Collins, P. and Gallinat, A.

2010. "The Ethnographic Self as Resource: An Introduction." In Peter Collins and Anselma Gallinat (eds.), *The Ethnographic Self as resource: Writing Memory and Experience into Ethnography,*1-22. New York: Berghahn Books.

Conférence des Nations Unies sur le Commerce et le Développement. "Rapport annuel de la 2020. CNUCEDCNUCED." http//www.unctad.org/inforcomm//francais/coton/utilisat.htm [Last accessed: 25/03/2022].

Constable, G.A.

1991. "Mapping the production and Survival of fruit on field-grown Cotton." *Agron. J.* 83:374-78.

Cook, J.G.

2001. *Handbook of Textile Fibres.* Vol.1—Natural Fibres. Cambridge: Woodhead.

Dattel, G.

2009. *Cotton and Race in the Making of American: The Human Costs of Economic Power.* Chicago: Ivan R. Dee.

2012 (2009). "Cotton and Race in the Making of American: Global Economic Power, Human Costs and Current Relevance." *Yale, Description, Colloquium,* September 28, 2012. https://agrarianstudies.macmillan.yale.edu/sites/default/files/files/colloqpapers/04dattel.pdf [Last accessed: 04/07/2021].

EJF

2005. *White Gold: The true Cost of Cotton. Uzbekistan, cotton and the crushing of a nation.* London: Environmental Justice Foundation.

2007. *The Deadly Chemicals in Cotton.* Environmental Justice Foundation in collaboration with Pesticide Action Network UK. *London: EJF/PAN UK*

Fiber 2 Fashion

2020. “Interview with Isabelle Roger.” https://www.fibre2fashion.com/interviews/face2face/solidaridad/isabelle-roger/12503-1 [Last accessed: 30/05/2021]

Foshee, W., Freeman, B.L, Monks, C.D, Patterson, M.G, and Smith, R.H.

1999. *Cotton Scouting Handbook.* Alabama: Alabama Cooperative Extension Pub.

Gwathmey, C.O., Cothren, J.T., Lege, K.E., Logan, J., Roberts, B.A., and Supak, J.R.

2001. “Influence of environment on cotton defoliation and boll opening.” In. J.R. Supak and C.E. Snipes (eds) *Cotton Harvest Management: Use and Influence of Harvest Aids.* (Reference Book Series, Number 5). Memphis: The Cotton Foundation.

Hake-Johnson, S., Hake, K.D., and Kerby, T.A.

1996. “Planting and stand establishment.” *In* Hake-Johnson, S., T.A. Kerby, and K.D. Hake (Eds), *Cotton Production Manual,* 21-28. California: University of California Division of Agriculture and Natural Resources, Publication No. 3352.

Hopkinson, D.

2006. *Up Before Daybreak: Cotton and People in America.* New Tork: Scholastic Nonfiction.

ICAC

2004. "The World Cotton Market: A Long-term Outlook." https://staging.icac.org/cotton_info/speeches/Valderrama/2004/benin_2004.pdf (Last accessed: 25/03/2022).

2013. "From the plant to the T-Shirt" (Helvetas) Fibre growers ans buyers footprints calculator of the sustainable cotton project (US) Pesticides in cotton, Rodale Institute Insect control costs declining as a share of cotton production coasts, ICAC, 2013.

Jost, P., Whitaker, J., Brown, S.M. and Bednarz, C.

2006. "Use of plant growth regulators as a management tool in cotton." *University of Georgia Cooperative Extension Bulletin* 1305.

Karam, F., Lagoud, R., Masaad, R., Daccache, A., Mounzer, O., and Rouphael, Y.

2006. "Water use and lint yield response of drip irrigated cotton to the length of irrigation season." *Agri. Water Mgt.* 85:287-295.

Kerby, T.A. and Hake, K.D.

1996. "Monitoring cotton's growth." In Hake-Johnson, S., T.A. Kerby, and K.D. Hake (eds) *Cotton Production Manual,* 335-355. University of California Division of Agriculture and Natural Resources, Publication No. 3352.

Kerby, T.A., Johnson-Hake, S., Hake, K.D., Carter, L.M., and Garber, R.H.

1996. "Seed quality and planting environment." In Hake-Johnson, S., T.A. Kerby, and K.D. Hake (eds) *Cotton Production Manual,* 203-209. California: University of California Division of Agriculture and Natural Resources, Publication No. 3352.

Kosmas, S.A., Argyrokastritis, A., Loukas, M.G., Eliopoulos, E., Tsakas, S., and Kaltsikes, P.J.

2006. "Isolation and characterization of drought-related trehalose 6-phosphate-synthase gene from cultivated cotton (Gossypium hirsutum L.)." *Planta*. 223 (2):329-329.

Lal, B. S.

2019. "Child Labour in India: Causes and Consequences" *International Journal of Sience and Research* (IJSR) 8 (5): 2199-2206. www.ijsr.net. (Last accessed: 25/03/2022).

Landivar, J.A. and J.H. Benedict. 1996. *Monitoring system for the management of cotton growth and fruiting*. TX Agri. Exp. Sta. Bulletin B-2.

Martinuzzi, A., Kudlak, R., Faber, C., and Wiman, A.

2011. "CSR Activities and Impact of the Textile Sector." RIMAS Working Paper Series 2:1-26. Vienna University of Economics and Business.

Moulherat, C, Jengberg, M., Haquet, J-F., and Mille, B.

2002. "First Evidence of Cotton at Neolithic Mehrgarh, Pakistan: Analysis of Mineralized Fibres from a Copper Bread." *Journal of Archeological Science* 29 (12): 1393-1401.

Mullins, G.L. and Burmester, C.H.

1991. "Dry matter, nitrogen, phosphorus, and potassium accumulation by four cotton varieties." *Agron. J.* 82:729-736.

Munsi, R. V.

2022. "Human Dignity in the Light of Anthropology: Coping with People's Fear of being "lost in the Cosmos." In Robert Kisala, Go Kobayashi, Winibaldus S. Mere, Roger Vanzila Munsi, and Antony Susairaj (eds.), *Hominis Dignitati An Interdisciplinary Approach*, 329-361. Manila: Logos Publications.

National Cotton Council of America.

1996. *Cotton Physiology Education Program*. National Cotton Council of Am. unnumbered. Memphis, TN.

2007. *The First 40 Days and Fruiting to Finish*. National Cotton Council of Am. unnumbered. Memphis, TN.

M. Niamir-Fuller, M.N., Özdemir, I. and Brinkman, J.

2016. "Environment, Religion and Culture in the Context of the 2030 Agenda for Sustainable Development." In the *Second International Seminar on Environment, Culture and Religion*–"Promoting Intercultural Dialogue for Sustainable Development" (23-24 April 2016, Tehran, Islamic Republic of Iran), Sustainable Development Goals, United Nations Educational, Scientific and Cultural Organization.

OECD

2004. *A New World Map in Textiles and Clothing Adjusting to Change*. Paris: OECD Publishing.

2020. *OECD-FAO Agricultural Outlook 2020-2029* , "Cotton," OECD iLibrary, 209-218. https://www.oecd-library.org/sites/630a9f76-end/index.html?itemId=/content/component/630a9f76-en (Last accessed: 27/12/2022).

Oosterhuis, D.M.

1990. Growth and development of the cotton plant. In: W.N. Miley and D.M. Oosterhuis (eds) Nitrogen Nutrition in Cotton: Practical Issues. *Proc. Southern Branch Workshop for Practicing Agronomists*. Publ. Amer. Soc. Agron., Madison, WI

Orsena, E.

2006. *Voyage aux pays du coton. Petit précis de mondialisation*. Paris: Payard.

Pizza, A. 2022. "Is Your Tee Sustainable? The Environmental Impact of Cotton." *Brightly* https://brightly.eco/blog/

environmental-impact-of-cotton (Last accessed: 27/12/2022).

Rascouet, A, Hipwell, D and Lisa Pham, L.

2021. "China Is Forcing Fashion to Mute Itself Over Dirty Cotton." *Bloomberg Linea,* October 15, 2021. https://www.bloomberglinea.com/2021/10/15/china-is-forcing-fashion-to-mute-itself-over-dirty-cotton/ (Last accessed: 27/12/2021).

Roberts, B.A., R.G. Curley, T.A. Kerby, S.D. Wright, and W.D. Mayfield.

1996. "Defoliation, harvest and ginning." In Hake-Johnson, S., T.A. Kerby, and K.D. Hake (eds), *Cotton Production Manual,* 306-308. University of California Division of Agriculture and Natural Resources, Publication No. 3352.

Robertson B., Espinoza, L, and Weatherford, B.

2002. "Foliar fertilization of cotton." In D.M. Oosterhuis (ed) *Summaries of Cotton Research in 2002,* 94-98. Arkansas: University of Arkansas Agricultural Experiment Station Research Series 507.

Robertson, B., C. Bednarz, and C. Burmester.

2007 "Growth and Development- First 60 Days." *Cotton Physiology Today* 13 (2). National Cotton Council of Am. Memphis, TN.

Robertson, B., Groves, F., Hogan, R., Espinoza, L., Ismanov, M., and Franks, R.

2007. "Evaluation of low pressure drip irrigation in cotton." *Proc. Beltwide Cotton Conferences.* NCC, Memphis, TN., 488-491.

Robertson, B., Stewart, S., and Bowman, R.

2007. "Planting and Replanting Decisions." *Cotton Physiology Today.* Newsletter of the Cotton Physiology Education Program —NATIONAL COTTON COUNCIL 13 (1):1-4.

Roy, P.

2015. *Situation of Children and Child Rights in India. A Desk Review.* New Delhi: Butterflies.

Sadras, V.O., Bange, M.P., and Milroy, S.P.

1997. "Reproductive Allocation of Cotton in Response to Plant and Environmental Factors." *Annals of Botany.* 80:75-81.

Salfino, C.S.

2015. "Cotton Clothing Among Consumers' Favorite Things." *Sourcing Journal* (April 30, 2015). https://sourcingjournal.com/topics/lifestyle-monitor/cotton-clothing-among-consumers-favorite-things-salfino-28747/ [Last accessed: 27/12/2021].

2018. Will Millennials force apparel industry into transparency? *Sourcing Journal* (July 31, 2018). https://sourcingjournal.com/topics/lifestyle-monitor/millennialsapparel-transparency-113786/ [Last accessed: 27/12/2021].

Settle, W. Soumaré´, M., Sarr, M. Garba, M.H. and Poisot, A-S. "Reducing pesticide risks to farming communities: cotton farmer field schools in Mali." 2014. Philosophical Transactions of the Royal Society B Biological Sciences 369: 1-12.

https://doi.org/10.1098/rstb.2012.0277 rstb.royalsocietypublishing.org (Last accessed: 27/12/2021).

Shand, S.

2019. "US Permits Genetically Modified Cotton as Human Food Resource." *Science and Technology,* October 19. https://learningenglish.voanews.com/a/us-permits-genetically-modified-cotton-as-human-food-source/5125096.html [Last accessed: 27/12/2021].

Stone, G.D.

2007. "Agricultural deskilling and the spread of genetically modified cotton." *Current Anthropology* 48:67-103.

Supak, J.R., Snipes, C.E., Banks, J.C., Patterson, M.G., Roberts, B.A., Valco, T.D., and Duff, J.N.

2001. "Evolution of cotton harvest management." In J.R. Supak and C.E. Snipes, (eds) *Cotton Harvest Management: Use and influence of harvest aids, xxxi-xxxv*. Memphis, TN: The Cotton Foundation on Foundation.

Taylor, H.M. and H.R. Gardner.

1983. "Penetration of cotton seedling taproots as influenced by bulk density, moisture content, and strength of soil." *Soil Sci.* 96:153-156.

Textile Exchange

2021. "Organic Cotton Market Report." Ad•https://store.textileexchange.org/ [Last accessed: 30/05/2021]

The Economic Times Panache

2018. "Cotton as source of bare necessities." https://economictimes.indiatimes.com/magazines/panache/cotton-as-source-of-bare-necessities/articleshow/66278134.cms [Last accessed: 30/05/2021].

Thomas, PN.

1995. Cellulose: Structures, Properties and Behaviour in the Dyeing Process. In J. Shore (ed.), *Cellulosics Dyeing*, 1-80. Bradford; Society of Dyers and Colourists (SDC).

2001. *The Peasant Cotton Revolution in West Africa: Côte d'Ivoire 1880-1995*.Cambridge: Cambridge University Press.

UNESCO-IHE Institute for Water Education

2009. "Annual Report." unesdoc.unesco.org/ark:/48223/pf0000217844. [Last accessed: 30/05/2021].

US Cotton Trust Protocol

2018. "U.S. Cotton Industry Developing U.S. Cotton Trust Protocol, Sustainability Benchmarking and Validation for Sustainability Goals" https://cottonusa.org/ja/news/2018/u-s-cotton-industry-developing-u-s-cotton-trust-protocol-sustainability-benchmarking-and-validation-for-sustainability-goals [Last accessed: 15/01/2022]

Witten, T.K., Jost, P.H., and Cothren, J.T.

1999. "Evaluation of Cotton Harvest Aids in the Brazos Bottoms." Reprinted from the *Proceedings of the Beltwide Cotton Conference* 1:617-620.

WWF. "Cleaner, greener cotton Impacts and better management practices" http://awsassets.panda.org/downloads/cotton_for_printing_long_report.pdf (Last accessed: 13/03/2023).

Zanca, R.

2011. *Life in a Muslim Uzebek Village: Cotton Farming After Communism.* Belmont, CA: Wadsworth.

著者紹介

MUNSI, Roger Vanzila（ムンシ ロジェ ヴァンジラ）

コンゴ民主共和国（旧ザイール）出身。専門分野：社会文化人類学、歴史民俗資料学、宗教学。コンゴ・サカタ族を中心にアフリカの伝統的精神文化や、キリスト教の影響を研究。日本ではかくれキリシタンとキリシタン神社の調査研究に夢中になり、目下「キリシタン神社の歴史と現状」をまとめているところ。南山大学国際教養学部教授、南山人類学研究所第二種研究員、Anthoropos Institute International 研究員。

主な著書に『村上茂の伝記―カトリックへ復帰した外海・黒崎のかくれキリシタンの指導者』，聖母の騎士社，2012 年；『The Dancing Church of the Congo. Missionary Paths in a changing Society』, London: MediaComX, 2022 年；『人間の尊厳――学際的なアプローチ』（共編集者）, Manila: Logos Publications, 2022 年.

主な学術論文

「コンゴ民主共和国における言語と国家の現状」，加藤　隆浩（編者）『ことばと国家のインターフェイス』，185 ～ 224 頁，行路社，2013 年.

「枯松神社と祭礼――地域社会の宗教観をめぐって」『研究論集』第 1 号，83 ～ 113 頁，南山大学人類学研究所，2013 年.

島崎隆司（しまざき　たかし）

愛知県一宮市出身。1972 年南山大学卒業、豊島（株）入社、綿花部配属

1974 年中央アメリカニカラグア国へ赴任（自社繰り綿工場勤務）

1979 年ニカラグア政変、共産革命により同社ロスアンジェルス法人駐在

1985 年同社名古屋本社綿花部へ帰任、綿花の買い付けや販売のため、豪州、インド、ブラジル、中国、およびアジア・ヨーロッパ諸国を訪問

同社常務取締役、世界綿花協会理事を勤める。

2017 年同社退職、世界綿花協会理事退任

綿花と人間との関わり　—歴史から経験と記録へ—

2023年（令和５年）６月20日　第１刷発行

著　者　MUNSI, Roger Vanzila（ムンシ　ロジェ　ヴァンジラ）
　　　　島崎　隆司（しまざき　たかし）

発行者　平井　誠司

発行所　株式会社　名著出版
　　　　〒571-0002　大阪府門真市岸和田2-21-8
　　　　電話 072-887-4551
　　　　https://www.meicho.co.jp/

印刷・製本　藤原印刷株式会社

ISBN978-4-626-01911-0　C3036　Printed in Japan